多智能体系统保成本一致性控制

王忠　席建祥　刘延飞　著

U0382029

西北工業大學出版社
西　安

【内容简介】 保成本一致性控制是多智能体系统协同控制的重要理论分支，属于优化控制范畴。本书内容主要由多智能体系统的保成本一致性控制和保成本编队控制两大部分组成。保成本一致性控制是本书的重点内容，主要讲述固定拓扑、切换拓扑和时间延迟条件下一阶和高阶多智能体系统保成本一致性控制。保成本编队控制是保成本一致性控制在多智能体系统编队控制中的应用。阅读本书可以使读者加深对协同控制基础理论的理解，促进创新意识的提升。

本书可作为高等院校工科相关专业（航空航天、自动化、电力、通信、机械等）本科高年级学生和研究生的教材或专业辅导书，也可供从事协同控制研究的科研、教学和工程技术人员参考使用。

图书在版编目(CIP)数据

多智能体系统保成本一致性控制/王忠，席建祥，刘延飞著．—西安：西北工业大学出版社，2018.11
ISBN 978-7-5612-6392-1

Ⅰ.①多… Ⅱ.①王… Ⅲ.①多智能—系统—研究 ②信息—研究 Ⅳ.①TP18

中国版本图书馆 CIP 数据核字(2018)第 237738 号

DOUZHINENGTI XITONG BAOCHENGBEN YIZHIXING KONGZHI
多智能体系统保成本一致性控制

责任编辑： 李阿盟 王 尧　　**策划编辑：** 杨 军
责任校对： 张 潼　　**装帧设计：** 李 飞
出版发行： 西北工业大学出版社
通信地址： 西安市友谊西路 127 号　　邮编：710072
电　　话： (029)88491757，88493844
网　　址： www.nwpup.com
印 刷 者： 陕西向阳印务有限公司
开　　本： 727 mm×960 mm　　1/16
印　　张： 9.5
字　　数： 175 千字
版　　次： 2018 年 11 月第 1 版　　2018 年 11 月第 1 次印刷
定　　价： 69.00 元

如有印装问题请与出版社联系调换

前　言

多智能体系统是指由多个具有自主性的智能体通过网络拓扑互联以协同完成某项复杂任务所组成的大系统。多智能体系统广泛存在于军事和民用领域，如多导弹协同攻击系统、多无人战车协同作战系统、多主体支撑系统和多机器人编队控制系统等。一致性控制问题作为多智能体系统协同控制的基本问题，已成为控制理论与应用领域内一个重要的发展方向。在很多实际应用中，不仅需要考虑多智能体系统的一致性调节性能，还需要关注在一致性控制过程中消耗了多少能量，这可以被看作是多智能体系统一致性控制的优化控制问题。保成本一致性控制同时考虑了一致性调节性能和能量消耗，能够实现对二者的折中设计，达到优化控制的目的。

本书旨在介绍保成本一致性控制的分析方法和设计方法，为多智能体系统协同控制的基础理论体系贡献绵薄之力。书中主要讲述固定拓扑、切换拓扑和时间延迟条件下的保成本一致性控制及其在多智能体系统编队控制中的应用。

保成本一致性控制是本书的重点内容，包括一阶和高阶多智能体系统的保成本一致性控制。其中，第 2 章介绍固定拓扑条件下一阶和高阶多智能体系统的保成本一致性控制；第 3 章介绍连通切换拓扑条件下一阶多智能体系统的保成本一致性控制和联合连通切换拓扑条件下高阶多智能体系统的保成本一致性控制；第 4 章介绍常数时间延迟条件下一阶多智能体系统的保成本一致性控制和时变时间延迟条件下高阶多智能体系统的保成本一致性控制。具体来说就是，将孤立系统中的保成本控制思想引入多智能体系统，利用智能体之间协调变量的状态差和各智能体的控制输入构建能够表征多智能体系统分布式特征的性能指标函数，介绍分析保成本一致性控制问题的一般方法，主要讲述一致性控制分析与设计准则，并给出了确定保成本性能指标函数边界值的方法，同时分别分析固定拓扑、切换拓扑和时间延迟是如何影响保成本一致性控制的。保成本编队控制是利用保成本一致性控制在多智能体系统编队控制中的应用，在第 5 章中进行详细介绍。具体来说，利用多智能体系统一致性控制策略，在引入编队向量的基础上构建能够表征编队控制特征的性能指标函数，介绍二阶多智能体系统保成本编队控制问题的分析方法。利用多智能体系统的结构特性将保成本编队控制问题转化为保成本一致性控制问题，得到所有智能体能够实现保成本编队的判据条件和性能指标函数的保成本上界。其中判据条件与编队向量无关，而保成本上界与编队向量相关。同时确定多智能体系统在实现保成本编队时的编队中心参考函数。

参加本书撰写的有王忠、席建祥、刘延飞。第1章由席建祥和王忠共同撰写，第2章部分内容由席建祥撰写，第5章由王忠和刘延飞共同撰写，其余各章节由王忠撰写，全书的统稿工作由王忠负责。

本书的编写得到了很多老师和朋友的热情支持。在此，感谢火箭军工程大学的姚志成教授、余志勇教授、杨小冈教授，他们为本书提出了宝贵的意见。感谢国防大学的韩光松博士为本书提出了有效的建议，并给予了极大的帮助。感谢火箭军工程大学的郑堂博士、王海洋博士、王乐博士为本书做出的工作。成书过程中参阅了相关资料文献，在此一并表示感谢。

由于水平有限且成书时间仓促，书中不妥之处在所难免，殷切期望使用本书的读者予以批评指正。您的宝贵意见请发电子邮件到 lgbsir@sina.com。

著　者

2019年6月

主要符号对照表

符号	表达含义
$a \in S$	元素 a 属于集合 S
$\boldsymbol{A}^{\mathrm{T}}$	矩阵 $\boldsymbol{A}$ 的转置
$\boldsymbol{A} \otimes \boldsymbol{B}$	矩阵 $\boldsymbol{A}$ 与矩阵 $\boldsymbol{B}$ 的直积,Kronecker 乘积
$\boldsymbol{\Lambda}_{\boldsymbol{A}}$	对角线元素为 $\boldsymbol{A}$ 的对角阵
$\det \boldsymbol{A}$	矩阵 $\boldsymbol{A}$ 的行列式
$\mathrm{diag}\{\boldsymbol{A}_1, \boldsymbol{A}_2, \cdots, \boldsymbol{A}_n\}$	对角线上为矩阵 $\boldsymbol{A}_i (i = 1, 2, \cdots, n)$ 的准对角矩阵
$\mathrm{diag}\{\lambda_1, \lambda_2, \cdots, \lambda_n\}$	对角线上为元素 $\lambda_i (i = 1, 2, \cdots, n)$ 的 n 阶对角矩阵
$\mathrm{e}^{\boldsymbol{A}t}$	矩阵 $\boldsymbol{A}$ 的指数函数
Γ	作用拓扑集合
G	图,作用拓扑
$\boldsymbol{I}_n$	$n \times n$ 维单位矩阵
$\mathcal{I}_N$	编号集合 $\{1, 2, \cdots, N\}$
$\boldsymbol{L}$	图的拉普拉斯矩阵
$\mathcal{N}_i$	固定拓扑中智能体 i 的邻居集合
$\mathcal{N}_i(t)$	切换或随机拓扑中智能体 i 的邻居集合
$\mathrm{rank} \boldsymbol{A}$	矩阵 $\boldsymbol{A}$ 的秩
$\mathbf{R}$	实数域
$\mathbf{R}^n$	实 n 维列向量空间
$\mathbf{R}^{m \times n}$	实 $m \times n$ 维矩阵空间
$\mathbf{0}$	具有适当维数的零向量或零矩阵
$\mathbf{1}_n$	元素全为 1 的 n 维列向量
$*$	矩阵中的对称项

目　　录

第1章　绪　　论

多智能体系统(Multi-agent systems)又称群系统(Swarm systems),是指由多个具有自主性的智能体(Agent)通过网络拓扑互联以协同完成某项复杂任务所组成的大系统[1]。从生物界到工程应用、再到军事领域普遍存在着多智能体系统,因此多智能体系统的协同控制问题受到了生物、物理、控制和通信等各领域学者的广泛关注。在生物界中,常常可以看到很多有趣的生物群聚集现象,如图1.1和图1.2所示的鱼群抵御天敌、鸟类集群飞行等。这些生物群落中的个体之间分散式的相互作用可以使群体最终在整体上涌现出规则有序的群集行为。在工程应用中,一些任务不能由单个系统完成,而需要多个智能体协同配合共同完成,还有一些任务用多智能体系统代替孤立系统可以极大地降低生产成本且更加安全可靠。其中包括多水下航行器编队控制系统、多主体支撑系统[2]等,如图1.3和图1.4所示。在现代信息化作战条件下,军事应用领域也有很多作战任务需要多个作战单元协同完成以提高作战效率,如图1.5和图1.6所示的多个无人战机编队作战系统、多巡航导弹协同攻击系统等。

图1.1　鱼群抵御天敌

与孤立系统(Isolated systems)相比,多个智能体组成的系统在协同执行某项任务时具有以下特征[1]:

(1)单个智能体的信息处理和执行能力能够满足单独完成简单任务的要求,但不能单独完成复杂任务。

(2)每个智能体都具有测量和处理信息并执行任务的自主性,但在执行复杂任务过程中仅具有有限的局部感知和通信能力。

(3)各智能体之间的信息交换具有分布式特征,某一个或者几个智能体的故障不会影响系统的整体运行。

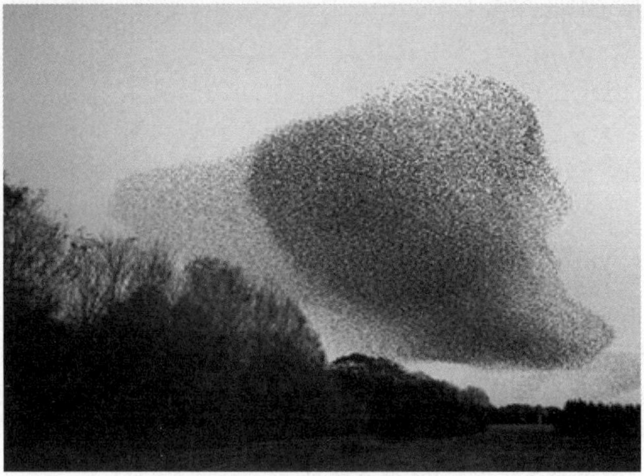

图 1.2　鸟类集群飞行

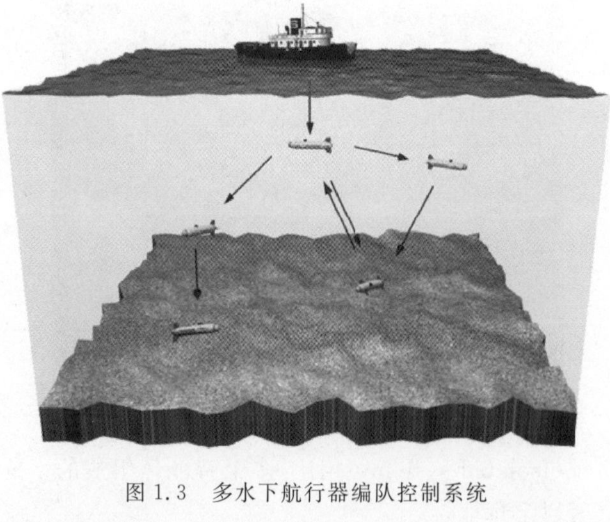

图 1.3　多水下航行器编队控制系统

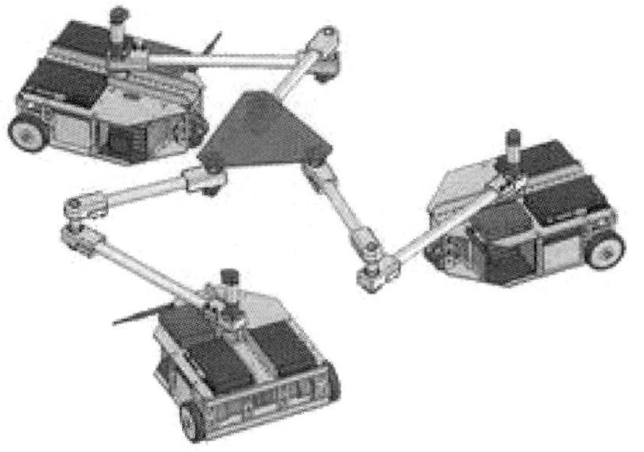

图 1.4 多主体支撑系统

图 1.5 多个无人战机编队示意图[1]

图 1.6 多巡航导弹协同攻击示意图

从系统属性的角度来看，多智能体系统的各智能体之间能够通过网络进行分布式信息交换以协同完成某一项复杂任务，这是其与孤立系统之间的根本区别。可见，分布式特征是多智能体系统的一个基本特征，该结构特征决定其是一类复杂的大系统。因此，分析和设计多智能体系统协同控制问题更加具有挑战性，对其进行深入研究具有重要的实际应用价值。

正如著名物理学家霍金在2000年所说，21世纪是一个充满复杂性的世纪。分布式特征的复杂属性决定协同控制成为控制理论与应用领域内的一个研究热点，这一点可以用该领域内国际知名刊物近年来出版的众多相关研究成果来印证，例如 *Automatica*、*IEEE Transactions on Automatic Control*、*International Journal of Robust and Nonlinear Control*、*Systems and Control Letters*、*IET Control Theory and Applications* 等期刊。通过文献调研发现，相关研究成果主要包括一致性控制、编队控制、同步控制、集群控制、空间会合等方面。其中，一致性控制是多智能体系统协同控制的一个基本问题，很多协同控制问题可以被转化为一致性控制问题进行研究[3]。

随着控制理论研究的深入和实际应用需求的提高，对孤立系统的控制不仅要求被控系统稳定，还需要使控制过程中所消耗的能量尽可能少。与此对应，对于很多实际的多智能体系统，不仅需要使系统获得一致，而且需要在获得一致的控制过程中的能量消耗满足一定条件，这是同时考虑一致性调节性能和能量消耗两个方面的优化一致性控制问题。生物学家研究发现，在如图1.7所示的大雁呈“人”字形编队整齐飞行时可以改变气流的结构，以减小空气阻力而达到减少体能消耗的目的；图1.8所示为室内自行车团体追逐赛，同队的四名队员轮换当领队以减少体能消耗。在工程应用和军事领域，如图1.3和图1.6所示的实际多智能体系统都需要考虑燃料消耗。从能查阅到的文献来看，一致性控制和编队控制的相关研究成果主要集中在多智能体系统是否能获得一致或者是否能实现编队，但很少见到对控制性能进行优化的研究成果。

图1.7　大雁呈“人”字形编队飞行

图1.8　室内自行车团体追逐赛轮换领队

本书聚焦多智能体系统优化一致性控制，在关注一致性调节性能的同时考虑控制过程中的能量消耗。保成本一致性控制同时考虑了一致性调节性能和能量消耗，能够实现对二者的优化设计。具体来说，本书中的保成本一致性控制是将孤立系统中的保成本控制思想引入多智能体系统，通过为一致性控制问题构建一个合理的性能指标函数，选择一个适当的控制增益使一致性控制得到优化。保成本一致性控制理论和保成本编队控制方法是多智能体系统协同控制理论的重要组成部分，具有重要的理论意义和应用价值。

1.1　多智能体系统建模

对于多智能体系统的一致性控制问题，所有智能体共同关注的变量能否获得一致取决于系统本身的分布式结构、各智能体的动力学特性和一致性控制协议等要素。本节将从这三方面简要地说明多智能体系统的建模。

1.1.1　多智能体系统的分布式结构

在研究一致性控制问题的过程中，多智能体系统的分布式结构一般是通过作用拓扑来描述的。其中，作用拓扑是所有智能体之间相互作用形成的分布式网络。如果两个智能体之间存在信息交换，就表示这两个智能体之间存在相互作用。可见，作用拓扑的结构表征了各智能体与其他智能体是否进行信息交换[4]。

在构建系统模型时，作用拓扑通常用拓扑图来表征(详见第1.3.3节拓扑图的相关知识)。拓扑图的节点代表多智能体系统中的智能体,边代表智能体之间相互作用的关系,边的权重表示作用的强度,拓扑图的拉普拉斯矩阵在数学模型中反映了多智能体系统的分布式网络特征。根据研究对象的不同,拓扑图的各个节点可以代表不同的含义。例如,在图 1.1 所示的鸟群中,节点是一只鸟,边则表示鸟之间的信息沟通;在图 1.3 所示的多水下航行器编队控制系统中,节点就是一个航行器,边就是各航行器之间的通信关系;在图 1.6 所示的多巡航导弹协同攻击系统中,各导弹用拓扑图的节点表示,各导弹之间的相互通信关系用拓扑图的边表示。

1.1.2 智能体的动力学特性

根据多智能体系统中各智能体的动力学特性,多智能体系统可以分为一阶多智能体系统(First-order multi-agent systems)、二阶多智能体系统(Second-order multi-agent systems)和高阶多智能体系统(High-order multi-agent systems)。从作用时间类型的角度,多智能体系统可以分为连续时间多智能体系统(Continuous-time multi-agent systems)和离散时间多智能体系统(Discrete-time multi-agent systems)。下面将简要介绍现有文献中几种具有代表性的多智能体系统模型。

1.1.2.1 一阶智能体模型

一般来说,一阶多智能体系统的各智能体是由一阶积分器模型进行描述的。假设多智能体系统由 N 个一阶智能体组成,各智能体的编号记为 $1\sim N$,即编号集合可以记为 $\mathcal{I}_N=\{1,2,\cdots,N\}$。那么,连续时间情况下智能体 i 可以被描述为如下一阶积分器:

$$\dot{x}_i(t)=u_i(t) \tag{1.1}$$

其中,$i\in\mathcal{I}_N$;$x_i(t)\in\mathbf{R}$ 是智能体 i 的状态变量(State);$u_i(t)\in\mathbf{R}$ 是智能体 i 的控制输入(Control input),即一致性控制协议(Consensus control protocol)。一阶多智能体系统一致性控制问题就是要求各智能体的状态变量 $x_i(t)$ 能够趋于相同。在有的情况下,状态变量可以是高维的,即可记智能体 i 的 d 维状态变量为 $\boldsymbol{x}_i(t)\in\mathbf{R}^d$,相应的结论在一定条件下可以利用 Kronecker 乘积推广得到。在作用时间类型为离散形式的情况下,一阶智能体 i 则服从一阶积分器

$$x_i(k+1)=x_i(k)+u_i(k) \tag{1.2}$$

其中,$i\in\mathcal{I}_N$;$x_i(k)\in\mathbf{R}$ 和 $u_i(k)\in\mathbf{R}$ 分别是智能体 i 在时刻 k 的状态变量和控制输入。

1.1.2.2　二阶智能体模型

若多智能体系统由 N 个二阶智能体组成，各智能体的编号记为 $1\sim N$，则编号集合为 $\mathcal{I}_N=\{1,2,\cdots,N\}$。那么，该多智能体系统中第 i 个智能体服从如下二阶积分器：

$$\left.\begin{aligned}\dot{\xi}_i(t)&=\zeta_i(t)\\ \dot{\zeta}_i(t)&=u_i(t)\end{aligned}\right\}\tag{1.3}$$

其中，$i\in\mathcal{I}_N$；$\xi_i(t)\in\mathbf{R}$ 和 $\zeta_i(t)\in\mathbf{R}$ 是智能体 i 的状态变量；$u_i(t)\in\mathbf{R}$ 是智能体 i 的控制输入。二阶多智能体系统一致性控制问题就是要求各智能体的状态变量 $\xi_i(t)\in\mathbf{R}$ 和 $\zeta_i(t)\in\mathbf{R}$ 能够分别趋于相同。有时状态变量可以是高维的，如 d 维的状态变量记为 $\boldsymbol{\xi}_i(t)\in\mathbf{R}^d$ 和 $\boldsymbol{\zeta}_i(t)\in\mathbf{R}^d$，相应的结论在一定条件下可以利用 Kronecker 乘积推广得到。与式(1.3)相对应，离散时间二阶多智能体系统中第 i 个智能体可以被描述为

$$\left.\begin{aligned}\xi_i(k+1)&=\xi_i(k)+\zeta_i(k)\\ \zeta_i(k+1)&=\zeta_i(k)+u_i(k)\end{aligned}\right\}\tag{1.4}$$

其中，$i\in\mathcal{I}_N$；$\xi_i(k)\in\mathbf{R}$ 和 $\zeta_i(k)\in\mathbf{R}$ 是智能体 i 在时刻 k 的状态变量；$u_i(k)\in\mathbf{R}$ 是智能体 i 在时刻 k 的控制输入。

1.1.2.3　高阶智能体模型

高阶多智能体系统通常有两种描述形式，一种是各智能体的动力学特性被描述为高阶积分器形式，另一种是各智能体的动力学特性被描述为状态空间形式。因为高阶多智能体系统更具有一般性也更为复杂，所以有时各智能体被描述为一阶积分器和二阶积分器形式的多智能体系统被统称为低阶多智能体系统。

考虑由 N 个高阶积分器智能体组成的多智能体系统，将各智能体的编号记为 $1\sim N$，则该系统的编号集合为 $\mathcal{I}_N=\{1,2,\cdots,N\}$。各智能体的动力学特性被描述为 l $(l\geqslant 3)$ 阶积分器的情况下，第 i 个智能体服从于以下动力学结构：

$$\left.\begin{aligned}\dot{\xi}_i^{(0)}(t)&=\xi_i^{(1)}(t)\\ \dot{\xi}_i^{(1)}(t)&=\xi_i^{(2)}(t)\\ &\cdots\cdots\\ \dot{\xi}_i^{(l-2)}(t)&=\xi_i^{(l-1)}(t)\\ \dot{\xi}_i^{(l-1)}(t)&=u_i(t)\end{aligned}\right\}\tag{1.5}$$

其中，$i\in\mathcal{I}_N$；$\xi_i^{(m)}(t)\in\mathbf{R}(m=0,1,\cdots,l-1)$ 是智能体 i 的第 m 个状态变量；

$u_i(t) \in \mathbf{R}$ 是智能体 i 的一致性控制协议。高阶一致性控制问题就是要求各智能体对应的状态变量 $\xi_i^{(m)}(t) \in \mathbf{R}(m=0,1,\cdots,l-1)$ 能够分别趋于相同。与式(1.5)相对应的离散时间形式的高阶智能体 i 可被描述为

$$\left.\begin{array}{l}\xi_i^{(0)}(k+1)=\xi_i^{(0)}(k)+\xi_i^{(1)}(k) \\ \xi_i^{(1)}(k+1)=\xi_i^{(1)}(k)+\xi_i^{(2)}(k) \\ \cdots\cdots \\ \xi_i^{(l-2)}(k+1)=\xi_i^{(l-2)}(k)+\xi_i^{(l-1)}(k) \\ \xi_i^{(l-1)}(k+1)=\xi_i^{(l-1)}(k)+u_i(k)\end{array}\right\} \tag{1.6}$$

其中，$i \in \mathcal{I}_N$；$\xi_i^{(m)}(k) \in \mathbf{R}(m=0,1,\cdots,l-1)$ 是智能体 i 在时刻 k 的第 m 个状态变量；$u_i(k) \in \mathbf{R}$ 是智能体 i 在时刻 k 的控制输入。

对于描述为状态空间形式的高阶多智能体系统，智能体 i 的动力学特性为

$$\left.\begin{array}{l}\dot{\boldsymbol{x}}_i(t)=\boldsymbol{A}\boldsymbol{x}_\mathrm{i}(\mathrm{t})+\boldsymbol{B}\boldsymbol{u}_\mathrm{i}(\mathrm{t}) \\ \boldsymbol{y}_i(t)=\boldsymbol{C}\boldsymbol{x}_\mathrm{i}(\mathrm{t})\end{array}\right\} \tag{1.7}$$

其中，$i \in \mathcal{I}_N$；矩阵满足 $\boldsymbol{A} \in \mathbf{R}^{d\times d}$，$\boldsymbol{B} \in \mathbf{R}^{d\times m}$，$\boldsymbol{C} \in \mathbf{R}^{q\times d}$；$\boldsymbol{x}_i(t)$，$\boldsymbol{y}_i(t)$ 和 $\boldsymbol{u}_i(t)$ 分别是智能体 i 的状态变量、输出变量和控制输入变量。在这种情况下，文献[1]中研究了状态一致性控制和输出一致性控制两类问题，其中系统矩阵 $\boldsymbol{C}$ 为单位矩阵时考虑所有的状态变量 $\boldsymbol{x}_i(t)$ 获得一致即为状态一致性控制问题，而输出一致性控制问题是要求所有的输出变量 $\boldsymbol{y}_i(t)$ 达到一致。与式(1.7)对应，离散时间高阶多智能体系统的智能体 i 可被描述为

$$\left.\begin{array}{l}\boldsymbol{x}_i(k+1)=\boldsymbol{A}\boldsymbol{x}_i(k)+\boldsymbol{B}\boldsymbol{u}_i(k) \\ \boldsymbol{y}_i(k)=\boldsymbol{C}\boldsymbol{x}_i(k)\end{array}\right\} \tag{1.8}$$

其中，$i \in \mathcal{I}_N$；$\boldsymbol{x}_i(k)$，$\boldsymbol{y}_i(k)$ 和 $\boldsymbol{u}_i(k)$ 分别是智能体 i 在时刻 k 的状态变量、输出变量和控制输入变量。

事实上，二阶智能体也可以被看为高阶智能体在状态维数 $d=2$ 时的一种具体情形。

1.1.3 一致性控制协议

为了使多智能体系统的某些变量能够获得一致，通常利用智能体之间的信息差来设计本地智能体的一致性控制协议作为控制输入。一致性控制协议是一种分布式的信息协调原则，确定了相邻智能体之间的信息交换规则，从而使各智能体共同关注的状态变量或输出变量获得整体一致。例如，对于连续

时间的一阶多智能体系统式(1.1),经典的一致性控制协议形式为

$$u_i(t) = \sum_{j \in \mathcal{N}_i} w_{ij}[x_j(t) - x_i(t)] \tag{1.9}$$

其中,$i \in \mathcal{I}_N$;$\mathcal{N}_i$ 代表智能体 i 的邻居集合,即智能体 j 为智能体 i 的邻居智能体;w_{ij} 表示智能体 j 和智能体 i 之间的作用强度。可以看到,构建一致性控制协议式(1.9)过程中利用了状态差信息 $x_j(t) - x_i(t)(i,j \in \mathcal{I}_N)$。

对于多智能体系统,分析和设计一致性控制协议是处理一致性控制问题的一个研究重点。对于不同多智能体系统需要构建不同的一致性控制协议,而不同的一致性控制协议对应于不同的处理方法,因此得到的一致性判据往往也不相同。

1.2　国内外研究现状

1.2.1　溯源一致性控制

一致性控制(Consensus control)是指根据本地智能体与邻近智能体的状态变量差或输出变量差设计本地智能体的控制律(即控制输入或一致性控制协议),使多智能体系统中所有智能体共同关注的状态变量或输出变量随时间的增大而趋于相同。其中,被共同关注的变量通常被称为协调变量。在研究孤立系统的稳定性问题中,一般要求系统本身各个状态量趋于零,而一致性控制问题要求的是各智能体之间的状态差量趋于零,这是稳定性问题与一致性控制问题之间的本质区别。以多智能体系统式(1.1)为例,一致性控制问题就是通过设计合适的一致性控制协议 $u_i(t)(i \in \mathcal{I}_N)$ 使各智能体的状态变量满足

$$\lim_{t \to \infty}[x_i(t) - x_j(t)] = 0(i,j \in \mathcal{I}_N) \tag{1.10}$$

可以认为,一致性控制思想最早于 20 世纪 60 年代起源于计算机科学领域,该思想奠定了分布式并行计算的理论基础,文献[5]对早期的相关研究成果进行了总结。20 世纪 80 年代后期,一致性控制思想在控制理论与应用领域逐渐萌芽。相关研究大致可分为四个阶段,图 1.9 简要显示了各阶段的具体情况。

2003 年以前可以被划分为第一阶段,该阶段奠定了一致性控制问题在控制理论与应用领域的研究基础。1987 年,Reynolds 在计算机上仿真了鸟群的集结运动,从动力学特性角度构建了经典的 Boid 模型[6],其中避免碰撞、速度

一致和聚合运动等三方面被认为是群体行为中的基本规则,但是该模型没有从数学角度给出精确的描述,导致很难进行系统的理论分析。在此基础上,Vicsek 等人于 1995 年在文献[7]中提出了一个简化但符合实际的离散时间智能体模型。该模型中的各智能体可依据前一时刻的邻居信息确定自身此刻的运动控制量,最后使所有智能体能在运动方向上获得一致。到了 2003 年,Jadbabaie 等人[8]初步从数学角度证明了文献[7]中的一致现象,给出了研究离散时间形式一致性控制问题的一个理论框架。文献[9]的基本理论是利用图论分析一致性控制问题,这为现有连续时间一致性控制问题提供了分析和设计的基本思路。可以说,文献[8]和[9]将一致性控制正式引入了控制理论与应用领域。

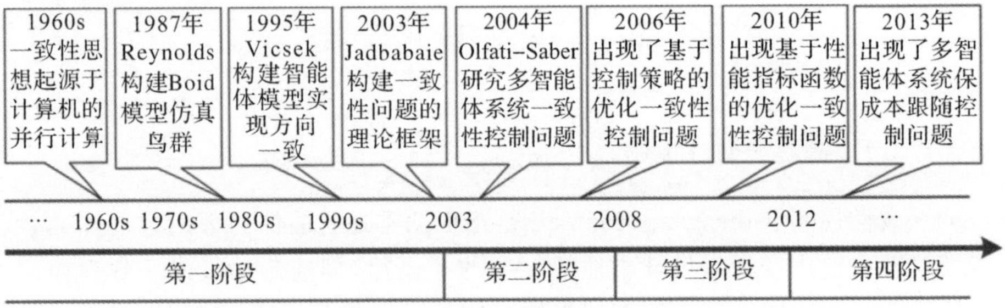

图 1.9　一致性控制问题的发展历程

2003—2007 年可以被划分为第二阶段,在此期间越来越多的学者开始关注一致性控制问题,具体可参看综述性文献[10]～[13]。此期间的相关研究工作主要集中在作用拓扑(Interaction topology)对一阶和二阶多智能体系统一致性控制问题的影响,虽然相关研究成果并不多,但这些成果所运用的分析思路和分析方法对一致性控制问题的研究产生了深远的影响,如 Olfati-Saber 和 Murray 在文献[14]中的研究工作就很具有代表性。当然,也有少量研究成果涉及高阶多智能体系统,如文献[15]和[16]。另外,少数学者考虑了在时间延迟(Time delay)条件下的多智能体系统一致性控制问题,如文献[14]和[17]。值得一提的是,在该阶段开始出现利用一些控制策略使一致性控制性能得到优化的研究成果,如 Cortés 在 2006 年利用梯度流方法来提高一阶多智能体系统一致性控制的收敛速度[18]。

2008—2012 年,多智能体系统一致性控制问题的众多理论成果不断涌现,多智能体系统一致性控制逐渐成为控制理论与应用领域的重要分支。此阶段的主要研究特点包括:①很多学者仍在继续研究智能体被描述为一阶积分器形式的一致性控制问题；②有关智能体被描述为二阶积分器形式的一致性控制问题的理论成果不断涌现；③越来越多的学者开始关注高阶情形的一致性控制问题；④部分学者开始研究基于构建性能指标函数的多智能体系统优化一致性控制问题。具体可参看有关一致性控制理论及应用的文献[19]～[21]和一致性控制问题的综述性文献[22]～[24]。

自2013年以来，相关研究进入了一个新的阶段。该研究阶段的主要特点有：①多种影响系统一致性的复杂因素被考虑，使研究一致性控制理论的出发点更加符合应用实际，如综述型文献[25]中提及的非线性一致性控制问题；②更多的学者将注意力主要集中在二阶和高阶多智能体系统的一致性控制问题上；③一些新的控制策略被引入一致性控制问题，如事件触发控制、网络预测控制、脉冲控制等方法；④少数学者开始考虑具有不确定性因素影响的优化一致性控制问题，利用保成本控制思想来处理多智能体系统协同控制问题。

1.2.2 一致性控制研究现状

从一致性控制研究历程可以看出，作用拓扑和时间延迟对一致性控制的影响一直是该方向的研究重点，近两年的研究成果中考虑的因素也越来越复杂。在此，主要从作用拓扑和时间延迟两个方面分析一致性控制问题的研究现状。

1.2.2.1 作用拓扑对一致性控制的影响

直观上看，如果系统中的某一个智能体不能与其邻居智能体进行信息交换，那么整个系统将无法对该智能体施加有效的一致性控制律，进而无法使得该智能体与其他智能体的某些状态或输出变量获得一致。可见，多智能体系统中各个智能体之间形成的拓扑结构会直接影响多智能体系统是否能够获得一致。根据作用拓扑是否随时间变化和变化特点，可以将作用拓扑分为固定拓扑(Fixed topology)、切换拓扑(Switching topology)和随机拓扑(Random topology)三类。本小节将从这三个方面综述作用拓扑对一致性控制问题的影响。

1. 固定拓扑条件下多智能体系统一致性控制

对于多智能体系统，固定拓扑指各智能体之间的信息交换关系随机时间不发生变化，相应的拉普拉斯矩阵是一个定常矩阵。到目前为止，固定拓扑条件下的多智能体系统一致性控制问题已被广泛地研究，得到了较多的研究成果。

对于连续时间一阶多智能体系统式(1.1)来说，一致性控制协议的一般形式如式(1.9)所示。从该协议中可以看出，在对智能体 i 设计控制律时仅利用了与其有信息交换的智能体(即邻居智能体)的信息，而不需要非邻居智能体的任何信息。进而，多智能体系统式(1.1)在协议式(1.9)作用下可转化为一个线性时不变系统 $\dot{\boldsymbol{x}}(t)=-\boldsymbol{L}\boldsymbol{x}(t)$，其中 $\boldsymbol{L}$ 是该多智能体系统作用拓扑的拉普拉斯矩阵。对于无向作用拓扑，文献[26]证明如果 $\boldsymbol{L}$ 有唯一的零特征值，即如果无向作用拓扑是连通的，那么多智能体系统式(1.1)在一致性控制协议式(1.9)的作用下能够获得一致。对于有向作用拓扑，则要求作用拓扑至少具有一个生成树[14]。现有成果显示，离散时间多智能体系统式(1.2)与连续时间多智能体系统式(1.1)要获得一致对作用拓扑的结构特性有相同的要求[12]。

关于二阶多智能体系统式(1.3)，常见的一致性控制协议可设计为

$$u_i(t)=\sum_{j\in\mathcal{N}_i}w_{ij}\left\{[\xi_j(t)-\xi_i(t)]+\gamma[\zeta_j(t)-\zeta_i(t)]\right\} \tag{1.11}$$

其中，$i\in\mathcal{I}_N$；$\gamma>0$ 是一个有界的控制增益。与一阶多智能体系统需要满足的式(1.10)相似，若 $\lim\limits_{t\to\infty}[\xi_i(t)-\xi_j(t)]=0$ 且 $\lim\limits_{t\to\infty}[\zeta_i(t)-\zeta_j(t)]=0\ (i,j=1,2,\cdots,N)$，那么称二阶多智能体系统式(1.3)获得一致。从文献[27]～[29]中可以看到，该一致性控制问题不仅要求无向作用拓扑连通或有向作用拓扑包含生成树，还要求控制增益 γ 满足一定的条件。对于离散时间的二阶多智能体系统式(1.4)研究的相对比较少，如文献[30]中表明有向作用拓扑的生成树是系统获得一致的必要条件，连通的固定无向作用拓扑是文献[31]中结论的必要条件。与一阶一致性控制问题相比，二阶一致性控制问题不仅与作用拓扑的结构特征有关，还与一致性控制协议中的控制参数有关，可见二阶一致性控制问题更为复杂。

在文献[15]中，给出的高阶积分器形式的一致性控制协议为

$$u_i(t)=\sum_{j\in\mathcal{N}_i}g_{ij}w_{ij}\sum_{m=0}^{l-1}\gamma_m[\xi_j^{(m)}(t)-\xi_i^{(m)}(t)] \tag{1.12}$$

其中，$i=1,2,\cdots,N$；$g_{ij}>0$；$\gamma_m>0$ 是相应各阶的标量控制增益。在此情况下，如果各状态满足 $\lim\limits_{t\to\infty}[\xi_i^{(m)}(t)-\xi_j^{(m)}(t)]=0\ (i,j=1,2,\cdots,N;m=0,1,\cdots,l-1)$，那么称多智能体系统式(1.5)获得一致。Ren 等人[15]给出了当 $l=3$ 时系统获得一致的充要条件是有向作用拓扑至少有一个生成树，同时需要 γ_m 满足一定的要求。对于无向作用拓扑的情况，多智能体系统式(1.5)要获得一致的必要条件之一是无向作用拓扑连通[32-33]。

对于高阶多智能体系统式(1.7)，通常包括状态一致和输出一致两种形式的一致性控制问题[1]。以状态变量作为构建一致性控制协议的协调变量，使各智能体的状态获得一致称为状态一致性控制问题，具有代表性的一致性控制协议[34-36]是

$$\boldsymbol{u}_i(t) = \boldsymbol{K}_1 \boldsymbol{x}_i(t) + \boldsymbol{K}_2 \sum_{j \in \mathcal{N}_i} w_{ij} [\boldsymbol{x}_j(t) - \boldsymbol{x}_i(t)] \tag{1.13}$$

对于高阶离散时间情形，一致性控制协议一般是

$$\boldsymbol{u}_i(k) = \boldsymbol{K}_1 \boldsymbol{x}_i(k) + \boldsymbol{K}_2 \sum_{j \in \mathcal{N}_i} w_{ij} [\boldsymbol{x}_j(k) - \boldsymbol{x}_i(k)] \tag{1.14}$$

其中，增益矩阵 $\boldsymbol{K}_1$ 和 $\boldsymbol{K}_2$ 满足相应的维数。多智能体系统式(1.7)在协议式(1.13)的作用下和多智能体系统式(1.8)在协议式(1.14)的作用下，除要求多智能体系统的参数矩阵和增益矩阵满足一定条件之外，对作用拓扑的要求是无向图连通[37]或有向图包含生成树[38-39]。另外，Xi 等人在文献[40]和[41]中研究了协调变量为输出变量的输出一致性控制问题，其中要求有向作用拓扑包含生成树。

到目前为止，与固定拓扑条件下一致性控制相关的研究成果相对较多，所采用的一致性控制协议利用了与邻居智能体的状态信息差或输出信息差。一致性控制协议式(1.9)、式(1.11)～式(1.14)利用了邻居智能体的全部状态信息，也有少数文献中只利用了邻居智能体的部分信息差构建一致性控制协议使多智能体系统获得一致[42-46]，在这种情况下则对其他参数有更多的要求，但对作用拓扑的要求仍是连通或者包含生成树。综上所述，作用拓扑是多智能体系统一致性控制的重要影响因素之一，无向作用拓扑连通或有向作用拓扑包含生成树是系统能否获得一致的必要条件。

2. 切换拓扑条件下多智能体系统一致性控制

作用拓扑的切换是指智能体之间的通信拓扑因某种原因需要从一种模式转换为另外一种模式，如出于安全考虑，作用拓扑需要在已知的几种通信拓扑结构中按一定的规则进行切换。在这种情况下，各智能体的邻居集是变化的，即相应的拉普拉斯矩阵具有片断连续性。在切换过程中，由于在下一个时间段内的作用拓扑一般是未知的，从而拉普拉斯矩阵也具有不确定性。因此，与固定拓扑条件下多智能体系统的一致性控制问题相比，切换拓扑条件下的一致性控制问题更具有挑战性。

自 2004 年以来，切换拓扑条件下的多智能体系统一致性控制问题得到了很多学者的关注。切换拓扑条件下一阶多智能体系统最具代表性的一致性控制协议为

$$u_i(t) = \sum_{j \in \mathcal{N}_i(t)} w_{ij}(t) [x_j(t) - x_i(t)] \tag{1.15}$$

其中，用 $\mathcal{N}_i(t)$ 表示智能体 i 的邻居集合；$w_{ij}(t)$ 是智能体 j 和智能体 i 间的作用强度。该邻居集合和作用强度对应于 t 时刻的作用拓扑 $G_{\sigma(t)}$，切换信号

$\sigma(t):[0,\infty)\rightarrow\mathcal{I}_M$ 表示在 t 时刻作用拓扑的编号 $m\in\mathcal{I}_M=\{1,2,\cdots,M\}$，其中切换拓扑集合中共包含 M 个作用拓扑。可以看出，与固定拓扑情形中时不变的邻居集 $\mathcal{N}_i$ 相比，$\mathcal{N}_i(t)$ 具有片断连续的切换变化特性，这是两种情形的重要不同。

关于切换拓扑条件下一阶多智能体系统的一致性控制问题，文献[14]中的相关结论表明若拓扑集合中的所有作用拓扑强连通且是平衡图，则系统对于任意变化的切换信号都能获得一致。Jadbabaie 在文献[8]中指出系统要获得一致，拓扑集合中各个无向作用拓扑图并不一定连通，但要求联合作用拓扑图是连通的。Ren 和 Beard 在文献[47]中分别研究了切换拓扑条件下连续时间和离散时间一阶多智能体系统的一致性控制问题，这两种情况均要求在一个有限时间段内所有作用拓扑的联合作用拓扑图包含生成树。文献[48]考虑了离散时间一阶多智能体系统的平均一致性控制问题，通过自适应策略选择控制参数，以获得信息交换受限情况下的平均一致。

针对切换拓扑条件下二阶多智能体系统，文献[49]在假设所有可能的无向作用拓扑图均连通的前提下研究了跟随一致性控制问题，而 Hu 等人在文献[50]中利用时间延迟脉冲法考虑切换一致性控制问题时要求拓扑集合中全部有向作用拓扑包含生成树，文献[51]利用李雅普诺夫(Lyapunov)函数法研究了作用拓扑在有限时间段内联合连通情况下的跟随控制问题。Zhang 和 Tian[52]考虑了 Markov 切换条件下的离散二阶一致性控制问题，所有可能的作用拓扑的联合作用拓扑包含生成树。

对于切换拓扑条件下高阶多智能体系统的一致性控制问题，Xi 等人在文献[53]中得到结论的一个前提是要求作用拓扑集合中所有可能的无向作用拓扑均连通。文献[54]中的结论要求有向拓扑图集合中全部有向作用拓扑均连通且是平衡图。Yang 等人在文献[55]中研究了高阶积分器形式的多智能体系统在切换拓扑条件下的一致性控制问题，其中假设有限时间段内的联合作用拓扑包含生成树。Su 和 Huang[56-57]研究了连续时间和离散时间高阶多智能体系统一致性控制问题，其中作用拓扑是无向的且在有限时间段内的联合作用拓扑是连通的。在文献[58]中，虽然只要求作用拓扑联合图包含几个强连通的子集，但是综合考虑一致性控制协议中的外作用后相当于作用拓扑的联合图包含生成树。

综上所述，切换拓扑的拉普拉斯矩阵具有片断连续性和不确定性，使切换拓扑条件下的一致性控制问题比固定拓扑情形更加复杂。从众多研究成果中可以看出，无向作用拓扑集合中的无向拓扑图被假设是连通的，或有向拓扑集合中的有向拓扑图被假设包含生成树。另外,部分成果要求在有限时间段内所有可能的拓扑图组成的联合图连通或包含生成树。

3.随机拓扑条件下多智能体系统一致性控制

前面提及了很多一致性控制问题的相关研究成果,主要集中在考虑固定拓扑和切换拓扑对一致性控制的影响。然而,在工程实际中多智能体系统的通信网络出现故障和被修复的时机是随机的,即各智能体间是否能正常连接通信是一个独立的随机事件,并非是一个确定性事件。也就是说,拓扑图中节点与节点之间的边是否连通是一个满足一定概率的独立随机事件。可见,随机拓扑是从边的层面进行讨论的,且在每个时刻都有可能发生变化。从前文可以看出,切换拓扑是从整体拓扑图的层面进行考虑的,且在某一个时间段内是一个固定的作用拓扑,这正是随机拓扑与切换拓扑的不同点。分析随机拓扑条件下多智能体系统一致性控制问题,利用到的数学工具主要包括概率论和矩阵论。

Hatano 和 Mesbahi 在文献[59]中研究了随机拓扑条件下一阶多智能体系统的一致性控制问题,其中将作用拓扑建模成无向随机图,结论表明如果期望作用拓扑是连通的,那么系统能够以概率为1获得一致。随后,文献[60]将文献[59]中的结论推广到作用拓扑为有向随机图的情形。Tahbaz-Salehi 等人在文献[61]中利用随机过程的各态历经性和概率论给出了一个系统几乎渐近一致的充分必要条件,随后文献[62]中证明了只要有向随机图的期望图包含生成树系统就可以几乎渐近一致。Abaid[63]分析了有确定出度的随机拓扑条件下离散时间形式的一致性控制问题。文献[64]的结论表明几乎必然一致、以概率为1一致和以评价准则 L_1 一致等三者是等价的,其中考虑的随机拓扑是通过相互独立的随机矩阵产生的。对于随机拓扑条件下的多个网络传感器,低阶多智能体系统的一致性控制也得到了研究和应用[65-67]。

对于随机拓扑条件下高阶多智能体系统一致性控制问题,Sun 等人在文献[68]中通过给出逐步收敛因子和渐近收敛因子的概念来衡量多智能体系统一致性控制的收敛性与收敛速度,但没有给出随机拓扑条件下一致性控制问题的充分必要条件,其中将各智能体描述成为高阶积分器模型。文献[69]在假设随机拓扑的期望拓扑连通的前提下,利用状态空间分解法分析了高阶多智能体系统的随机一致性控制问题,其中利用状态空间法描述各智能体的动力学特性。Zhang 和 Jia 在文献[70]中得到,只要网络连接概率满足一定条件,并且期望拓扑包含生成树,那么具有一般形式的离散时间高阶多智能体系统就能够获得一致。在随机拓扑条件下的同步问题中,文献[71]中利用非齐次 Markov 链理论得到多个智能体以一定概率实现同步的结论，文献[72]指出期望拓扑连通情况下所有智能体几乎必然实现同步。

可见，对于随机拓扑条件下的一致性控制问题，往往要求无向期望拓扑图连通和有向期望拓扑图包含生成树，用到的主要理论工具包括概率论、矩阵论和系统稳定性理论等。同时，现有研究主要集中在随机拓扑本身对多智能体系统一致性的影响，而未考虑时间延迟或者数据限制等复杂影响因素。

1.2.2.2　时间延迟对一致性控制的影响

近年来，部分学者研究了时间延迟对多智能体系统一致性控制的影响。多智能体系统中的时间延迟可分为自身延迟和通信延迟两类。自身延迟指本地智能体在对信息进行测量、计算和执行等处理过程中存在的时间延迟，通信延迟指本地智能体与其邻居智能体进行信息交换过程中信息传输导致的时间滞后[73]。根据时间延迟的大小是否发生变化，时间延迟可分为常数延迟和时变延迟两类。

以固定拓扑条件下一阶多智能体系统式(1.1)为例，存在时间延迟的一致性控制协议通常可描述为

$$u_i(t) = \sum_{j\in\mathcal{N}_i} w_{ij}\left\{x_j[t-\tau_{ij}(t)] - x_i[t-\pi_{ij}(t)]\right\} \tag{1.16}$$

其中，$\tau_{ij}(t)$ 表示智能体 j 向智能体 i 传输信息过程中的通信延迟；$\pi_{ij}(t)$ 表示智能体 i 处理由智能体 j 发送的信息引起的自身延迟。通常情况下，各智能体所受到的通信延迟和自身延迟并不相等，但为了简化分析可以取一个共同的延迟上界。例如，在研究一致性控制问题过程中取通信延迟与自身延迟共同的常数延迟上界，即 $\tau_{ij}(t) = \pi_{ij}(t) = \tau$，这种情况称为通信延迟与自身延迟相等的常数延迟，而 $\tau_{ij}(t) = \pi_{ij}(t) = \tau(t)$ 则表示通信延迟与自身延迟相等的时变延迟。

对于一阶多智能体系统，Olfati - Saber 和 Murray[14] 考虑了各通信通道有不同常数延迟的情况，其中各智能体所受到的通信延迟与自身延迟相等，利用频域分析法给出了系统获得一致所允许的最大时间延迟，该最大时间延迟与拉普拉斯矩阵的最大特征值有关。文献[74]中分析了无向作用拓扑条件下时间延迟对一致性控制的影响，其中包括各智能体延迟相等和不相等两种情况。Lin 和 Jia 在文献[75]和[76]中利用李雅普诺夫-克拉索夫斯基(Lyapunov-Krasovskii)函数法，考虑切换拓扑条件下存在时变延迟的一致性控制问题。Münz 等人在文献[77]中研究了常数延迟、时变延迟和分布式延迟三种通信延迟的一致性控制问题，但没有考虑各智能体的自身延迟。利用线性

矩阵不等式方法,文献[78]考虑了在拓扑不确定的情况下时变延迟一致性控制问题。Qiao 和 Sipahi 在文献[79]中利用频域法分析了常数延迟的一致性控制问题,其中各智能体之间的作用权重受时间延迟的影响。对于离散时间一阶多智能体系统,文献[80]~[83]利用矩阵论研究了存在时间延迟的一致性控制问题。

文献[84]中研究了存在常数延迟的二阶多智能体系统一致性控制问题,当有向作用拓扑包含生成树和时间延迟小于一个边界条件时,系统即可获得一致,其中考虑的通信延迟与自身延迟相等。文献[85]利用李雅普诺夫-克拉索夫斯基函数法分析了有常数延迟的二阶多智能体系统一致性控制问题,结论表明若切换拓扑在有限时间段内的无向联合作用拓扑连通,那么系统可获得一致。在文献[86]中,通信延迟与自身延迟被取为相等的常数延迟,利用线性矩阵不等式理论研究了有向切换拓扑条件下一致性控制问题。Lin 等人[87]设各智能体受到的时间延迟为不同的常数延迟,利用频域分析法得到了多智能体系统允许的常数延迟上界。对于时变延迟条件下的二阶多智能体系统一致性控制问题,Hu 等人在文献[88]中利用李雅普诺夫函数法给出了时间延迟需要满足的条件。文献[89]利用李雅普诺夫函数法得到了线性矩阵不等式一致性判据,其中考虑的通信延迟与自身延迟相等。对于离散时间情形,文献[90]利用非负矩阵理论研究了有常数延迟的切换拓扑一致性控制问题。Gao 等人在文献[91]中研究了切换拓扑条件下存在时变延迟的离散时间一致性控制问题,其中通信延迟和自身延迟不相等,文中给出的结论表明当有限时间段内所有作用拓扑的有向联合作用拓扑强连通且平衡时多智能体系统可获得一致。

相比低阶多智能体系统,时间延迟条件下高阶多智能体系统一致性控制问题具有一般性也更具有挑战性。文献[92]和[93]研究了存在时变延迟的一致性控制问题,利用李雅普诺夫-克拉索夫斯基函数法和线性矩阵不等式理论得到了一致性判据。文献[94]将各智能体描述成高阶积分器形式,其中通信延迟和自身时延被取为相等的时变延迟。Wang 等人[95]基于代数黎卡提方程(Algebraic Riccati equations)设计一致性控制协议,研究了存在时变延迟的无向固定拓扑条件下一致性控制问题。文献[96]中研究了存在常数延迟的一致性控制问题,分别设计了状态反馈一致性控制协议和输出反馈一致性控制协议。在文献[97]中,Xu 等人分别研究了连续时间和离散时间高阶多智能体系统的一致性控制问题,获得了系统允许的常数延迟上界。对于离散时间高阶积分器形式的多智能体系统,Lin 等人在文献[98]中证明了通信延迟不影响多智能体系统一致性控制的稳定性。利用状态空间分解法和线性矩阵不等式理论，Xi 等人[99]研究了存在常数延迟的一致性控制问题，其中各智能体被描述为高阶状态空间模型。

从上述所提及的研究成果可以看出，时间延迟给多智能体系统一致性控制问题的研究带来了新的挑战，相关研究是该领域内的一个重要分支。归纳起来，分析方法主要包括频域分析法、时域李雅普诺夫函数法和状态扩维法等三类[24]。其中，利用频域分析法得到的一致性判据具有较弱的保守性，但该方法很难应用于具有切换拓扑和时变延迟条件下的一致性控制问题。虽然李雅普诺夫函数法得到的结论具有一定的保守性，但其既适用于常数延迟和时变延迟的一致性控制问题，也适用于切换拓扑条件下的一致性控制问题[100]。

1.2.2.3 其他因素对一致性控制的影响

除作用拓扑和时间延迟外，在实际中还有很多因素对多智能体系统的一致性控制产生影响，如噪声的干扰、非线性因素、信息受限等情况。为此，控制理论与应用领域的学者从各个角度对多智能体系统一致性控制问题展开了广泛的研究，包括考虑各种影响因素或是选择不同的控制方法。

多智能体系统中各智能体之间进行信息交换时，发送方发出的信息在传输通道中很有可能受到噪声的影响，接收方在进行测量过程中也有可能存在测量误差，导致一致性控制输入受到外部的干扰(Disturbance)，相关研究成果如文献[101]和[102]等。非线性因素(Nonlinear)在自然界中普遍存在，非线性因素对多智能体系统一致性控制的影响同样受到重视，如文献[103]~[105]。Euler-Lagrange 系统是一类特殊的非线性系统，多 Euler-Lagrange 系统的一致性控制问题近年来也受到了较为广泛的关注，相关研究成果包括文献[106]和[107]。领导跟随(Leader-follower)是多智能体系统协同控制的一种重要模式，很多学者研究了多智能体系统跟随一致性控制问题，如文献[108]和[109]。由于单个领导者出现故障时整个系统很难正常继续运转，文献[110]和[111]中研究了多个领导者的跟随一致性控制问题。信息受限(Limited information)主要是指在设计一致性控制协议时只能利用部分信息或受到限制的信息。例如，Ren[27]设计的一致性控制协议被限定在一个有边界的范围内，文献[112]和[113]中研究了智能体之间信息量受限的一致性控制问题，文献[114]中考虑了控制输入偶尔失效的一致性控制问题。另外，现有一致性控制的相关研究成果主要是针对同构多智能体系统的，即系统中各个智能体具有相同的动力学特性，也有少部分学者研究了异构多智能体系统(Heterogeneous multi-agent systems)的一致性控制问题，其中各个智能体的动力学特性不相同,如文献[115]和[116]等。

此外,有关一致性控制的现有研究成果中还有很多影响因素被考虑或控制方法被应用,如智能体之间的反作用(Antagonistic interactions)[117-118]、分组一致(Group consensus)[119-120]、合围控制(Containment control)[123-124]、牵制控制(Pinning control)[123-124]、采样控制(Sampled-data control)[125-126]和网络预测控制(Networked predictive control)[127-128]等。另外,部分研究成果还组合考虑了多种因素对一致性控制的影响,例如文献[129]同时考虑噪声和有领导者的一致性控制问题,文献[130]同时考虑信息受限和非线性因素的情形,文献[131]同时考虑噪声和时间延迟的情形。可见,对于多智能体系统一致性控制问题,现有研究成果中考虑的影响因素越来越复杂,在处理过程中应用的控制方法也越来越新颖。

1.2.3 保成本一致性控制研究现状

在第1.2.2节中提及了很多有关一致性控制问题的现有文献,这些成果的研究目的在于设计一致性控制协议使多智能体系统能够获得一致,通过分析作用拓扑、智能体动力学特性和控制协议参数等方面得到系统需要满足的判据条件。但在很多实际情况下,不仅需要多智能体系统能够获得一致,还要求某些方面的性能满足一定的要求,即多智能体系统的优化一致性控制问题。例如,要求一致性控制的收敛速度尽可能快,或者在获得一致的控制过程中所消耗的能量尽可能少,或者要求一致性调节性能和能量消耗满足折中设计。为此,部分学者对优化一致性控制问题进行了一些探索,相关成果可分为两类[132]:一类是基于控制策略的优化一致性控制;另一类是基于性能指标函数的优化一致性控制。值得特别说明的是,近两年出现了利用保成本控制思想研究多智能体系统协同控制问题,这是一种基于性能指标函数的优化协同控制问题,也是本书的主要研究内容。下面,先分别概述上述两类优化一致性控制的研究现状,然后单独对保成本一致性控制问题的研究现状进行分析。

1.2.3.1 基于控制策略的优化一致性控制

在现有研究成果中,有限时间一致(Finite-time consensus)、脉冲一致(Impulsive consensus)、事件触发一致(Event-triggered consensus)等控制问题是通过引入新的控制策略,使一致性控制收敛性能或能量消耗满足一定的要求,对一致性控制过程中的单项性能指标进行优化。有限时间一致性控制问题是通过合理设计一致性控制协议和选择适当参数使系统的一致性收敛速度尽可能快,如文献[133]~[135]。脉冲控制的主要思想是在某些条件满足的情况下，瞬间改变系统的状态达到控制的目的，其主要优点在于需要更少的控制能量[136]。部分学者将脉冲控制思想引入一致性控制问题，使多智能体系统在获得一致的控制过程中消耗的能量更少，有关脉冲一致性控制的研究成果见文献[137]和[138]。近年来，事件触发控制方法是控制领域的一个研究热点，其基本思想是实时监测系统在运行过程中的某一指标，当该指标超过一个标准时控制律即可起作用，其优越性在于可以减小智能体之间的通信负担，降低控制过程中的能量消耗。随着多智能体系统一致性控制问题研究的深入，部分学者研究了事件触发一致性控制问题，如文献[139]和[140]。

另外，一些学者通过设计作用拓扑或引入其他控制机制，提高多系统智能体系统的一致性调节性能。文献[14]中指出一致性控制的收敛速度与无向作用拓扑的拉普拉斯矩阵的最小非零特征值有关，从而以该特征值为参考标准设计更合理的作用拓扑使系统的一致性控制满足需要的收敛速度。Xiao 和 Boyd 在文献[141]中利用半定规划方法来设计通信权重达到改进一致性收敛速度的目的，文献[142]和[143]通过设计优化作用拓扑图来分析平均一致性控制问题，文献[141]～[143]是通过设计一个更合理的作用拓扑以提高一致性控制的收敛速度。Zhao 等人[144]考虑了多智能体系统获得均方一致的最小通信代价问题，减少通信过程中的能量消耗。文献[145]通过引入记忆效应改进一致性控制算法，提高一致性控制的收敛速度，给出了获得有限时间一致的线性矩阵不等式判据。文献[146]和[147]在一致性控制协议中引入时间延迟状态导数反馈和加权平均预测两种机制，分别研究了无向作用拓扑条件下和有向拓扑条件下二阶多智能体系统一致性控制问题，提高了二阶多智能体系统获得一致性控制的鲁棒性和控制过程中的收敛速度。

1.2.3.2 基于性能指标函数的优化一致性控制

在第 1.2.3.1 节的优化一致性控制问题中，相关学者们从多个角度利用控制策略使多智能体系统的一致性调节性能得到优化，在分析过程中并没有给出明确的性能指标来衡量一致收敛速度或能量消耗。一些学者构建了性能指标函数用于描述多智能体系统在一致性控制过程中的一致性调节性能，在性能指标函数的约束下利用优化控制思想来设计一致性控制协议。通常，多智能体系统的性能指标函数包括分散式性能指标函数和全局式性能指标函数两类[148]。

分散式性能指标函数分别描述各智能体在一致性控制过程中的一致性调节性能，进而建立多智能体系统的性能指标函数，一般形如

$$\min\sum_{i=1}^{N} f_i(\boldsymbol{x}) \tag{1.17}$$

其中，$f_i(\boldsymbol{x})(i=1,2,\cdots,N)$ 为智能体 i 的单独目标函数，一般表示单个智能体的某个方面的性能指标。文献[149]中为各智能体构建了分散式性能指标函数，利用博弈思想在假设其他智能体为一个常数条件下使各个单独目标函数取最小值。Semsar-Kazerooni 和 Khorasani 设计了一种半分散式的优化控制策略，利用解 Hamilton-Jacobi-Bellman 方程的方法使各个单独目标函数取最小值[150]。文献[151]和[152]利用投影梯度或次梯度优化算法作迭代更新，使各个单独目标函数在迭代的每个时刻取最优值，达到优化多智能体系统一致性调节性能的目的。Shi 等人在文献[153]中假设各智能体能够收敛到一个凸集且所有凸集的交集为非空集合，将分散式性能指标函数的优化问题转化为交叉计算问题，以优化各智能体的收敛性能。

随着多智能体系统协同控制理论研究的深入，部分学者开始构建全局式性能指标函数的相关理论问题。文献[154]和[155]利用各智能体的状态信息和控制输入构建了全局式性能指标函数

$$J=\int_0^{\infty}\left[\boldsymbol{x}^{\mathrm{T}}(t)\boldsymbol{Q}\boldsymbol{x}(t)+\boldsymbol{u}^{\mathrm{T}}(t)\boldsymbol{R}\boldsymbol{u}(t)\right]\mathrm{d}t \tag{1.18}$$

其中，矩阵 $\boldsymbol{Q}$ 和 $\boldsymbol{R}$ 为对称正定矩阵，然后利用解代数黎卡提方程设计了一个近似最优控制器使系统实现优化分布式控制。由于多智能体系统获得一致时各智能体的状态并不一定收敛于零，只是各智能体之间的状态差趋于零，从而文献[154]和[155]只能使多智能体系统实现优化分布式控制，即系统各智能体的状态收敛于零，但不能使系统获得优化一致。文献[132]通过作用拓扑的拉普拉斯矩阵构建了全局性能指标函数，即考虑了各智能体之间的状态差，但性能指标函数的参数矩阵被限定为一个与拉普拉斯矩阵有关的矩阵。文献[148]改进了文献[150]中的性能指标函数，利用线性矩阵不等式得到了固定无向作用拓扑条件下的最优一致，但其中要求系统矩阵与作用拓扑的拉普拉斯矩阵满足一定的约束条件。利用部分稳定原理和逆优化方法，文献[156]中研究了固定有向作用拓扑条件下优化一致性控制问题，得到了与一致性控制协议相对应的性能指标函数。从线性二次调节的角度，Cao 和 Ren 在文献[157]中研究了一阶多智能体系统的优化一致性控制问题，基于各智能体之间的状态差信息和控制输入构建了两种性能指标函数，即与作用拓扑无关的性能指标函数

$$J_{\mathrm{f}}=\int_0^{\infty}\left\{\sum_{i=1}^{N}\sum_{j=1}^{N}\left[c_{ij}\left(x_j(t)-x_i(t)\right)^2\right]+\sum_{i=1}^{N}r_iu_i^2(t)\right\}\mathrm{d}t \tag{1.19}$$

和与作用拓扑相关的性能指标函数

$$J_{\mathrm{r}}=\int_0^{\infty}\left\{\sum_{i=1}^{N}\sum_{j=1}^{N}\left[w_{ij}\ (x_j(t)-x_i(t))^2\right]+\sum_{i=1}^{N}u_i^2(t)\right\}\mathrm{d}t \tag{1.20}$$

其中，参数满足 $c_{ij}>0$；$r_i>0$；w_{ij} 为智能体之间的作用权重，问题的分析过程主要集中在如何选择一致性控制协议的参数。进一步，性能指标函数可以改写为

$$J_{\mathrm{f}}=\int_0^{\infty}\left[\boldsymbol{x}^{\mathrm{T}}(t)\boldsymbol{Q}\boldsymbol{x}(t)+\boldsymbol{u}^{\mathrm{T}}(t)\boldsymbol{R}\boldsymbol{u}(t)\right]\mathrm{d}t \tag{1.21}$$

和

$$J_{\mathrm{r}}=\int_0^{\infty}\left[\boldsymbol{x}^{\mathrm{T}}(t)\boldsymbol{L}\boldsymbol{x}(t)+\boldsymbol{u}^{\mathrm{T}}(t)\boldsymbol{u}(t)\right]\mathrm{d}t \tag{1.22}$$

其中，矩阵 $\boldsymbol{Q}$ 的元素由系数 c_{ij} 构成；对角矩阵 $\boldsymbol{R}$ 的对角线元素由 r_i 构成。另外，由性能指标函数式(1.19)得到的结论要求多智能体系统的作用拓扑图是完全图，即每两个智能体之间均必须有信息交换。性能指标函数式(1.20)中的参数矩阵均为单位矩阵，在处理的固定拓扑条件下的一致性控制问题的过程中利用了微分求极值的方法。

可见，多智能体系统优化一致性控制逐渐受到部分学者的关注，但仍处于研究的起步阶段。分散式性能指标函数是一种叠加求和的形式，不能表征多智能体系统的分布式特征，并且仅能体现出一致性控制问题中单方面的性能指标。全局式性能指标函数同时考虑了控制性能和控制能量两个方面的性能指标，但是上述大部分性能指标函数中没有体现多智能体系统的分布式特征。虽然性能指标函数式(1.20)引入作用权重以表征多智能体系统的分布式特征，但由于其中的参数矩阵为单位矩阵，不能实现对两个性能指标的折中设计。特别地，上述研究成果针对确定参数条件下的多智能体系统讨论了优化一致性控制问题，但相关研究方法不能直接适用于如切换拓扑、时间延迟、随机拓扑、噪声干扰等具有不确定参数条件下的优化一致性控制问题。

1.2.3.3 保成本一致性控制

保成本控制思想是一种基于性能指标函数的优化控制思想，不仅适用于确定参数条件下的优化控制问题，而且适用于具有不确定性参数的优化控制问题。对于孤立系统，文献[158]～[160]采用保成本控制方法研究了优化稳定性问题，利用系统的状态变量和控制输入量构建了二次型性能指标函数，以实现状态调节特性和控制能量消耗之间的折中设计，使系统获得最优或次优控制。

对于多智能体系统，利用保成本控制方法来处理一致性控制问题还处于起步阶段。Wang 等人在文献[161]中将保成本控制引入一阶固定拓扑条件

下的一致性控制问题,给出了多智能体系统在性能指标函数约束下获得一致的判据。Guan 等人[162]利用脉冲控制方法考虑固定拓扑条件下二阶多智能体系统的保成本一致性调节性能,得到了关于平均脉冲控制时间间隔的充分条件,其中构建的性能指标函数为

$$J = \sum_{k=0}^{\infty} \int_{t_k}^{t_{k+1}} [\boldsymbol{e}_x^{\mathrm{T}}(t) \boldsymbol{P} \boldsymbol{e}_x(t)] \mathrm{d}t \tag{1.23}$$

其中,矩阵 $\boldsymbol{P}$ 为给定的对称正定矩阵; t_k 为脉冲控制的时间序列; $\boldsymbol{e}_x(t)$ 为各智能体位置状态信息相对于期望状态信息的偏差构成的向量。可以看出,在性能指标函数式(1.23)中仅考虑了一致性调节性能,而没有考虑控制能量的性能指标。对于固定拓扑条件下的多智能体系统,文献[161]和[162]中保成本一致性控制问题具有确定参数。文献[163]和[164]研究了具有不确定性参数的高阶多智能体系统保成本跟随控制问题,给出了系统实现跟随控制的判据条件,并确定了性能指标函数的上界和在此情况下的控制增益矩阵,其中构建的性能指标函数为

$$J = \sum_{i=1}^{N} \int_{0}^{\infty} [\boldsymbol{e}_i^{\mathrm{T}}(t) \boldsymbol{Q} \boldsymbol{e}_i(t) + \boldsymbol{u}_i^{\mathrm{T}}(t) \boldsymbol{R} \boldsymbol{u}_i(t)] \mathrm{d}t \tag{1.24}$$

其中,矩阵 $\boldsymbol{Q}$ 和 $\boldsymbol{R}$ 为给定的对称正定矩阵; $\boldsymbol{e}_i(t)$ 为智能体 i 的状态信息相对于期望状态信息的偏差。值得一提的是,性能指标函数式(1.23)和式(1.24)中没有体现出多智能体系统的分布式特征。同时,可以看出文献[161]～[164]都是关于固定拓扑条件下的多智能体系统一致性控制问题。

可见,现有文献初步利用保成本控制思想分析了多智能体系统协同控制问题,但如何构建能够表征多智能体系统的分布式特征的性能指标函数,如何同时考虑一致性控制的一致性调节性能和控制能量,如何分析时变拓扑、时间延迟等因素对一致性控制的影响,这些问题都需要进一步深入研究。

1.2.4　编队控制研究现状

从控制理论与应用的角度来讲,多智能体系统协同控制主要有编队控制、同步控制[165-167]、集群控制[168-170]、空间会合[171]及分布式估计[172]等,且这些应用都能利用多智能体系统一致性控制的思想进行处理[3]。随着多智能体系统协同控制问题的研究深入及编队控制在工业、军事领域中的广泛应用,利用一致性理论来解决编队控制问题已成为该领域的研究热点之一。例如,多个小型人造卫星系统编队运行有助于减少燃料消耗和扩大感知范围,多个自主移动机器人协作保持队形可以完成对大型物体的操作,多个水下机器人编队用

于反水雷或护航任务有利于对抗外部干扰或破坏等[173]。编队控制问题的主要目标在于，利用智能体之间的局部相对位置或速度等状态信息，设计反馈控制器使系统中所有智能体形成满足要求的队形。对编队控制问题的经典处理方法主要包括基于行为法、虚拟结构法、领航跟随法等[19]。

一些研究成果表明，如果在选择合适的一致状态条件下一致性策略可应用到编队控制，使各智能体收敛至期望的队形。Ren 在文献[174]和[175]中将一致性理论应用于多机器人编队控制，把经典的领导跟随法、基于行为法和虚拟结构法统一于一致性控制策略框架中，并证明即使没有集中领导者，在满足一定条件时基于一致性控制的编队控制策略也能保持队形。文献[176]基于一阶多智能体系统一致性策略研究了分布式编队控制问题，并应用于多机器人平台。文献[177]研究了无向拓扑条件下的编队控制问题，如果无向拓扑连通多智能体系统就能实现预定的编队。Liu 和 Tian 在文献[178]中研究了时间延迟条件下的二阶多智能体系统编队控制问题。基于一致性控制策略，Cai 和 Zhong 在文献[179]中研究了高阶多智能体系统的编队可控性问题。文献[180]中考虑了有反作用力情况下的多智能体系统编队控制问题。在上述编队控制问题中，各智能体之间形成的编队具有时不变的阵形。Dong 等人研究了四旋翼无人机的时变编队控制问题[181]，其中将各无人机描述成二阶积分器系统。文献[182]中研究了高阶多智能体系统在时间延迟条件下具有时变阵形的编队控制问题，先将高阶编队控制问题转化为高阶一致性控制问题，然后进行分析和协议设计。文献[183]较为系统地研究了具有时变阵形的高阶多智能体系统编队控制问题，并进行了实验验证。

上述基于一致性控制策略处理编队控制问题的成果，主要研究了系统能否实现编队或在什么条件下能够实现编队。到目前为止，很少有文献考虑多个智能体的优化编队控制问题。Xiao 等人[184]研究了一阶多智能体系统在有限时间一致性控制协议作用下的编队控制，使系统在有限时间内实现预定队形，其中将编队信息分解为全局信息和本地信息两部分，全局信息确定事先预定的几何队形。文献[185]研究了二阶多智能体系统有限时间一致性控制问题，并将研究成果应用于编队控制问题进行验证。在假设智能体间的作用拓扑为完全图的基础上，文献[186]定义的性能指标函数为

$$J=\int_{t_0}^{t_f}\boldsymbol{u}^{\mathrm{T}}(t)\boldsymbol{R}\boldsymbol{u}(t)\mathrm{d}t \tag{1.25}$$

其中，矩阵 $\boldsymbol{R}$ 是一个给定的对称正定矩阵；t_0 与 t_f 分别为初始时刻和末时刻，然后利用 Hamiltonian 函数得到一个使多智能体系统在 t_f 时刻实现快速编队

的控制协议。可见，文献[184]和[185]研究的是快速实现编队问题，文献[186]考虑了编队控制问题的控制能量。然而，在能够查阅到的文献中很少见到研究成果既考虑多智能体系统实现编队的调节性能，又考虑在实现编队控制过程中的能量消耗问题。

1.2.5 相关发展趋势

多智能体系统一致性控制是当前控制理论与应用领域的一个研究热点，研究成果比较丰硕。但是，通过总结前面所述相关问题的研究现状可以发现，包括以下三个方面在内的很多多智能体系统协同控制问题有待进一步研究。

1. 多智能体系统的保成本一致性控制

在应用需求的驱动下，多智能体系统的优化一致性控制是一个在实际中需要重点考虑的方向。部分学者已经对优化一致性控制问题进行了研究，但当前能查阅到的相关研究成果并不多。可见，还有很多优化一致性控制问题有待进一步研究。保成本控制是一种分析复杂因素条件下多智能体系统优化一致性控制问题的有效方法，少数学者开始将保成本控制思想应用于多智能体系统协同控制，但仍有以下几个问题需要研究。

(1)在很多实际多智能体系统中，往往需要同时考虑一致性调节性能和控制能量消耗两个方面的性能指标。对于固定拓扑条件下的低阶多智能体系统，同时考虑上述两项性能指标的保成本一致性控制问题仍然需要深入的研究。

(2)传统的最优控制方法很难直接应用于具有不确定性参数的系统控制中，而保成本控制思想同时适用于确定系统和不确定系统的优化控制问题。由于时间延迟、切换拓扑、随机拓扑普遍存在于实际运行中的多智能体系统，所以不确定性复杂因素影响下的保成本一致性控制问题仍有待进一步解决。

(3)在控制过程中，通常需要调节性能和控制能量同时满足某一种平衡。从而，要为保成本一致性控制问题构建可以实现一致性调节性能和控制能量消耗二者折中设计的性能指标函数，同时要求性能指标函数能够表征多智能体系统的分布式特性。

(4)当多智能体系统获得保成本一致时，如何为性能指标函数给出一个边界条件，如何确定保成本控制方法对多智能体系统整体宏观运动的影响，即对一致值或一致函数的影响，这些都是需要深入研究的问题。

2. 多智能体系统的保成本编队控制

随着多智能体系统协同控制理论的研究深入，基于一致性控制策略解决编队控制问题已成为该领域的一个重要研究方向。对于优化编队控制问题，相关研究成果仍比较少。利用保成本一致性控制策略来研究优化编队控制问题，目前主要有以下两方面需要探究：一方面，如何构建编队调节性能和控制能量消耗的性能指标函数，同时能够表征多智能体系统的编队控制特征，合理地描述多智能体系统的保成本编队控制问题；另一方面，如何将保成本编队控制问题转化为保成本一致性控制问题，并给出实现保成本编队的判据和分析性能指标函数对编队控制的影响。

3. 多种影响因素条件下的多智能体系统一致性控制

对于多智能体系统一致性控制问题，目前的主要研究趋势是各智能体的系统模型越来越具有一般性，考虑的影响因素越来越复杂，为获得一致所利用的控制方法越来越新颖。主要体现在：①非线性多智能体系统、异构多智能体系统的一致性控制问题研究成果需要统一到一般情形；②利用新策略使多智能体系统获得一致的相关问题还需深入研究，如事件触发控制、脉冲控制等方法；③同时考虑多种影响因素对一致性控制的影响，使一致性控制相关理论问题研究更加贴近应用实际。

在本书中，主要介绍一阶和高阶多智能体系统的保成本一致性控制问题。无特殊说明时，本书中的一阶多智能体系统的保成本一致性控制简称为一阶保成本一致性控制，高阶多智能体系统的保成本一致性控制简称为高阶保成本一致性控制。

1.3 数学基础与相关理论

矩阵理论和图论是分析多智能体系统一致性控制问题的两个重要数学工具。本节将简要地介绍本书中将要利用到的数学基础，同时引入将要用到的相关系统理论。主要包括矩阵基础理论、线性矩阵不等式理论、图的基础理论、图的相关矩阵、图的基本性质和系统稳定性原理等方面。

1.3.1 矩阵理论基础[187]

定义 1.1：一个由 $m\times n$ 个元素 a_{ij}（$i=1,2,\cdots,m$；$j=1,2,\cdots,n$）排成的 m 行 n 列的列表称为 m 行 n 列矩阵 $\mathbf{A}$，具体表示为

$$\mathbf{A}=[a_{ij}]_{m\times n}=\begin{bmatrix}a_{11} & a_{12} & \cdots & a_{1n}\\ a_{21} & a_{22} & \cdots & a_{2n}\\ \vdots & \vdots & & \vdots\\ a_{m1} & a_{m2} & \cdots & a_{mn}\end{bmatrix}$$

则 $\boldsymbol{A} \in \mathbf{R}^{m \times n}$ 。若 $\boldsymbol{A}$ 的行数和列数均为 n ，则 $\boldsymbol{A}$ 被称为 n 阶方阵或 n 阶矩阵。

定义 1.2：一个 $n \times 1$ 维的矩阵 $\boldsymbol{x}$ 称为列矩阵或 n 维列向量，则 $\boldsymbol{x} \in \mathbf{R}^n$。一个 $1 \times n$ 维的矩阵 $\boldsymbol{y}$ 称为行矩阵或 n 维行向量，则 $\boldsymbol{y} \in \mathbf{R}^{1 \times n}$ 或记 $\boldsymbol{y}^{\mathrm{T}} \in \mathbf{R}^n$。在本书中，无特别说明时，$n$ 维向量指的是 n 维列向量。

定义 1.3：一个 $m \times d$ 维的矩阵 $\boldsymbol{A}$ 与一个 $d \times n$ 维的矩阵 $\boldsymbol{B}$ 的乘积定义为 $\boldsymbol{C} = \boldsymbol{AB} = [c_{ij}]_{m \times n}$ ，其中

$$c_{ij} = \sum_{k=1}^{d} a_{ik} b_{kj}, \quad i = 1,2,\cdots,m;\ j = 1,2,\cdots,n$$

定义 1.4：对于矩阵 $\boldsymbol{A} \in \mathbf{R}^{n \times n}$，若数 λ 和非零向量 $\boldsymbol{x} \in \mathbf{R}^n$ 使关系式 $\boldsymbol{Ax} = \lambda \boldsymbol{x}$ 成立，则称 λ 是矩阵 $\boldsymbol{A}$ 的特征值，$\boldsymbol{x}$ 是矩阵 $\boldsymbol{A}$ 的对应于特征值 λ 的特征向量。

引理 1.1：设矩阵 $\boldsymbol{A} \in \mathbf{R}^{n \times n}$ 的特征值为 $\lambda_1, \lambda_2, \cdots, \lambda_n$ ，则

$$\lambda_1 + \lambda_2 + \cdots + \lambda_n = a_{11} + a_{22} + \cdots + a_{nn}$$

$$\lambda_1 \lambda_2 \cdots \lambda_N = \det \boldsymbol{A}$$

(3)矩阵 $\boldsymbol{A}^2$ 的特征值为 $\lambda_1^2, \lambda_2^2, \cdots, \lambda_n^2$ 。

定义 1.5：矩阵的直积，又称矩阵的克洛勒克乘积(Kronecker Product)，用符号 $\otimes$ 表示。对于任意适当维数的矩阵 $\boldsymbol{A} = [a_{ij}] \in \mathbf{R}^{m \times n}$ 和 $\boldsymbol{B} = [b_{ij}] \in \mathbf{R}^{p \times q}$ ，矩阵 $\boldsymbol{A}$ 与矩阵 $\boldsymbol{B}$ 的直积定义为

$$\boldsymbol{A} \otimes \boldsymbol{B} = [a_{ij} \boldsymbol{B}] = \begin{bmatrix} a_{11}\boldsymbol{B} & a_{12}\boldsymbol{B} & \cdots & a_{1n}\boldsymbol{B} \\ a_{21}\boldsymbol{B} & a_{22}\boldsymbol{B} & \cdots & a_{2n}\boldsymbol{B} \\ \vdots & \vdots & & \vdots \\ a_{m1}\boldsymbol{B} & a_{m2}\boldsymbol{B} & \cdots & a_{mn}\boldsymbol{B} \end{bmatrix} \in \mathbf{R}^{mp \times nq}$$

引理 1.2：对于任意适当维数的矩阵 $\boldsymbol{A}, \boldsymbol{B}, \boldsymbol{C}$ 和 $\boldsymbol{D}$，直积具有以下性质：

(1) $\boldsymbol{A} \otimes \boldsymbol{B} \neq \boldsymbol{B} \otimes \boldsymbol{A}$ ；

(2) $k(\boldsymbol{A} \otimes \boldsymbol{B}) = (k\boldsymbol{A}) \otimes \boldsymbol{B} = \boldsymbol{A} \otimes (k\boldsymbol{B})$ ；

(3) $(\boldsymbol{A} + \boldsymbol{B}) \otimes \boldsymbol{C} = \boldsymbol{A} \otimes \boldsymbol{C} + \boldsymbol{B} \otimes \boldsymbol{C}$ ；

(4) $(\boldsymbol{A} \otimes \boldsymbol{B})(\boldsymbol{C} \otimes \boldsymbol{D}) = (\boldsymbol{AC}) \otimes (\boldsymbol{BD})$ ；

(5) $(\boldsymbol{A} \otimes \boldsymbol{B})^{\mathrm{T}} = \boldsymbol{A}^{\mathrm{T}} \otimes \boldsymbol{B}^{\mathrm{T}}$ ；

(6)设 $\boldsymbol{A} \in \mathbf{R}^{m \times m}$ 和 $\boldsymbol{B} \in \mathbf{R}^{n \times n}$ 都可逆，则 $(\boldsymbol{A} \otimes \boldsymbol{B})^{-1} = \boldsymbol{A}^{-1} \otimes \boldsymbol{B}^{-1}$ 。

定义 1.6：如果方阵 $\boldsymbol{U} \in \mathbf{R}^{n \times n}$ 满足 $\boldsymbol{U}^{\mathrm{T}}\boldsymbol{U} = \boldsymbol{I}_n$ ，即 $\boldsymbol{U}^{-1} = \boldsymbol{U}^{\mathrm{T}}$ ，即么称 $\boldsymbol{U}$ 为正交矩阵，简称正交阵。

引理 1.3：方阵 $\boldsymbol{U} \in \mathbf{R}^{n \times n}$ 为正交矩阵的充分必要条件是，组成 $\boldsymbol{U}$ 的所有列向量都是单位向量，且这些列向量两两正交。此结论对于 $\boldsymbol{U}$ 的所有行向量

也成立。

引理 1.4：正交矩阵具有如下性质：

(1)若 $\boldsymbol{U}$ 为正交矩阵，则 $\boldsymbol{U}^{-1}=\boldsymbol{U}^{\mathrm{T}}$ 也是正交矩阵，且 $\det\boldsymbol{U}=1$ 或 -1；

(2)若 $\boldsymbol{U}$ 和 $\boldsymbol{P}$ 都是正交矩阵，则二者的乘积矩阵 $\boldsymbol{UP}$ 也是正交矩阵；

(3)若 $\boldsymbol{U}$ 为正交矩阵，对于任意向量 $\boldsymbol{x}$，则正交变换 $\boldsymbol{y}=\boldsymbol{Ux}$ 后满足 $\|\boldsymbol{y}\|=\|\boldsymbol{x}\|$。

引理 1.5：对称矩阵 $\mathbf{A}\in\mathbf{R}^{n\times n}$ 具有以下特性：

(1)$\boldsymbol{A}$ 的特征值均为实数；

(2)必有正交矩阵 $\boldsymbol{U}$ 使 $\boldsymbol{U}^{-1}\boldsymbol{AU}=\boldsymbol{U}^{\mathrm{T}}\boldsymbol{AU}=\boldsymbol{\Lambda}$ 成立，其中 $\boldsymbol{\Lambda}$ 是以 $\boldsymbol{A}$ 的 n 个特征值为对角元的对角阵。

引理 1.6[188]：如果矩阵 $\mathbf{A}=[a_{ij}]\in\mathbf{R}^{n\times n}$，那么 $\boldsymbol{A}$ 的任意一个特征值 λ 至少满足以下条件：

$$|\lambda-a_{ii}|\leqslant\sum_{j=1,j\neq i}^{n}|a_{ij}|\ ,\ i=1,2,\cdots,n$$

这是 Gersgorin disc 定理。

1.3.2 线性矩阵不等式

一个线性矩阵不等式(Linear Matrix Inequality, LMI)表示为以下一般形式：

$$\boldsymbol{F}(\boldsymbol{p})=\mathbf{A}_0+p_1\mathbf{A}_1+\cdots+p_n\mathbf{A}_n<\mathbf{0} \tag{1.26}$$

其中，$\mathbf{A}_i\in\mathbf{R}^d\ (i=1,2,\cdots,n)$ 是给定的实对称矩阵；$\boldsymbol{p}=[p_1\quad p_2\quad\cdots\quad p_n]^{\mathrm{T}}\in\mathbf{R}^n$ 是由其中的决策变量 $p_i\ (i=1,2,\cdots,n)$ 组成的向量，一般称为决策向量。式中的不等式号“$<$”表示矩阵 $\boldsymbol{F}(\boldsymbol{p})$ 是负定的，即对所有非零向量 $\boldsymbol{x}\in\mathbf{R}^d$ 均有 $\boldsymbol{x}^{\mathrm{T}}\boldsymbol{F}(\boldsymbol{p})\boldsymbol{x}<\mathbf{0}$ 或者是 $\boldsymbol{F}(\boldsymbol{p})$ 的所有特征值均小于零。

式(1.26)给出的是线性矩阵不等式的一般形式，这种形式缺少许多控制中的直观意义，使得这种形式在自动控制应用中很少出现，但自动控制领域中的线性矩阵不等式都可以转化为上述一般形式。在自动控制领域中，一个线性矩阵不等式具有块矩阵的形式，复杂的线性矩阵不等式可以通过描述其中每一块的各项内容来确定这个线性矩阵不等式。

MATLAB 中有求解线性矩阵不等式的专门 LMI 工具包，该工具包可以将线性矩阵不等式以块矩阵的形式进行描述。本书有关线性矩阵不等式的求解主要是利用 LMI 工具包中的 FEASP 求解器[189]，在验证线性矩阵不等式形式结论可行性的过程中，主要利用了 LMI 工具包中的 setlmis，getlmis，lmivar，lmiterm 和 feasp 等命令。

在本书后续的研究工作中将会利用到线性矩阵不等式的如下两个特性，即 Schur 补性质和凸集特性。

引理 1.7：对于给定的对称矩阵

$$\boldsymbol{S}=\begin{bmatrix}\boldsymbol{S}_{11} & \boldsymbol{S}_{12}\\ \boldsymbol{S}_{21} & \boldsymbol{S}_{22}\end{bmatrix}\in \mathbf{R}^{n\times n}$$

其中，$\boldsymbol{S}_{11}\in \mathbf{R}^{r\times r}$ 为非奇异矩阵。以下三个条件是等价的：

（1）$\boldsymbol{S}<\boldsymbol{0}$；

（2）$\boldsymbol{S}_{11}<\boldsymbol{0},\boldsymbol{S}_{22}-\boldsymbol{S}_{12}^{\mathrm{T}}\boldsymbol{S}_{11}^{-1}\boldsymbol{S}_{12}<\boldsymbol{0}$；

（3）$\boldsymbol{S}_{22}<\boldsymbol{0},\boldsymbol{S}_{11}-\boldsymbol{S}_{12}\boldsymbol{S}_{22}^{-1}\boldsymbol{S}_{12}^{\mathrm{T}}<\boldsymbol{0}$。

其中，$\boldsymbol{S}_{22}-\boldsymbol{S}_{12}^{\mathrm{T}}\boldsymbol{S}_{11}^{-1}\boldsymbol{S}_{12}$ 是 $\boldsymbol{S}_{11}$ 在 $\boldsymbol{S}$ 中的 Schur 补（Schur Complement）[190]。

引理 1.8：所有满足线性矩阵不等式（1.1）的全体决策向量构成一个凸集合，即

$$\boldsymbol{\Phi}=\{\boldsymbol{p}:\boldsymbol{F}(\boldsymbol{p})<\boldsymbol{0}\}$$

是一个凸集合[190]。

1.3.3 图论基础

多智能体系统的作用拓扑可以用一个拓扑图（Topology graph）来表示。一个拓扑图 $G=G(V,\varepsilon,\boldsymbol{W})$ 可以用三个要素来描述：节点集合 $V=\{v_1,v_2,\cdots,v_N\}$，边集合 $\varepsilon\subseteq\{(v_i,v_j),i\neq j,v_i,v_j\in\}$ 和邻接矩阵 $\boldsymbol{W}=[w_{ij}]_{N\times N}\in\mathbf{R}^{N\times N}$。符号 $v_i(i\in\mathcal{I}_N)$ 表示拓扑图的第 i 个节点，有限自然数集 $\mathcal{I}_N=\{1,2,\cdots,N\}$ 表示编号集。符号 (v_j,v_i) 表示 v_j 到 v_i 的一条边，其中 v_j 被称为父节点，v_i 被称为子节点。邻接矩阵 $\boldsymbol{W}$ 的元素满足 $w_{ij}\geqslant 0$ 和 $w_{ii}=0$，并且当且仅当 $(v_i,v_j)\in\varepsilon$ 时 $w_{ij}>0$。节点 v_i 的邻居集定义为 $\mathcal{N}_i=\{v_j\in V:(v_j,v_i)\in\varepsilon\}$。节点 v_i 的入度定义为 $\deg_{\mathrm{in}}(v_i)=\sum_{j\in\mathcal{N}_i}w_{ij}$，节点 v_i 的出度定义为 $\deg_{\mathrm{out}}(v_i)=\sum_{j\in\mathcal{N}_i}w_{ji}$。图 G 的入度矩阵定义为对角矩阵 $\boldsymbol{D}=\mathrm{diag}\{\deg_{\mathrm{in}}(v_1),\deg_{\mathrm{in}}(v_2),\cdots,\deg_{\mathrm{in}}(v_N)\}$，图 G 的出度矩阵定义为对角矩阵 $\boldsymbol{D}_{\mathrm{out}}=\mathrm{diag}\{\deg_{\mathrm{out}}(v_1),\deg_{\mathrm{out}}(v_2),\cdots,\deg_{\mathrm{out}}(v_N)\}$。图 G 的拉普拉斯矩阵定义为 $\boldsymbol{L}=\mathscr{L}(G)=\boldsymbol{D}-\boldsymbol{W}$。

如果图 G 的邻接矩阵 $\boldsymbol{W}$ 中的所有元素满足 $w_{ij}=w_{ji}$，$(\forall i,j\in\mathcal{I}_N)$，那么称图 G 为无向图（Undirected graph）。反之，则称图 G 为有向图（Directed graph）。对于无向图 G，如果没有孤立节点，那么称无向图 G 是连通的（Con-

nected)。图 G 的一条有向路径是指存在一组节点 $v_1, v_2, \cdots, v_l$ 使得 $(v_{i-1}, v_i) \in \varepsilon, i = 2, 3, \cdots, l$。如果有向图 G 中有一个节点至少存在一条有向路径到其他所有节点,那么称有向图 G 包含生成树(Spanning tree)。如果有向图 G 中任意两个节点之间至少存在一条有向路径,那么称有向图 G 是强连通的(Strong connected)。如果一个图 G 中每个节点的入度等于出度,那么称该图是平衡的(Balanced)。

多智能体系统的作用拓扑可以用拓扑图 G 来描述,每个节点表示一个智能体,每条边代表两个智能体之间的作用通道,边的权重表示两个智能体之间的作用强度。在利用图论对多智能体系统一致性控制问题进行数学分析时,作用拓扑由拉普拉斯矩阵 $\boldsymbol{L}$ 在数学模型中体现。可见,$\boldsymbol{L}$ 是在研究多智能体系统一致性控制问题时一个非常重要的矩阵。图 1.10 中给出了一个不连通的无向图,其邻接矩阵 $\boldsymbol{W}$、入度矩阵 $\boldsymbol{D}$ 和拉普拉斯矩阵 $\boldsymbol{L}$ 分别为

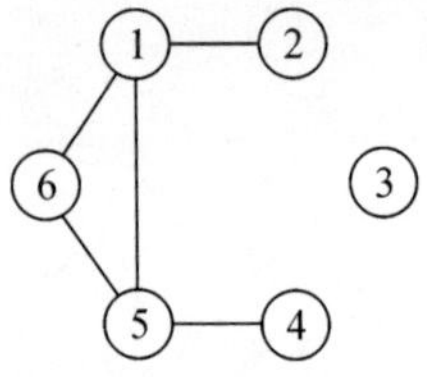

图 1.10 拓扑图例

$$\boldsymbol{W} = \begin{bmatrix} 0 & 1 & 0 & 0 & 1 & 1 \\ 1 & 0 & 0 & 0 & 0 & 0 \\ 0 & 0 & 0 & 0 & 0 & 0 \\ 0 & 0 & 0 & 0 & 1 & 0 \\ 1 & 0 & 0 & 1 & 0 & 1 \\ 1 & 0 & 0 & 0 & 1 & 0 \end{bmatrix}, \quad \boldsymbol{D} = \begin{bmatrix} 3 & 0 & 0 & 0 & 0 & 0 \\ 0 & 1 & 0 & 0 & 0 & 0 \\ 0 & 0 & 0 & 0 & 0 & 0 \\ 0 & 0 & 0 & 1 & 0 & 0 \\ 0 & 0 & 0 & 0 & 3 & 0 \\ 0 & 0 & 0 & 0 & 0 & 2 \end{bmatrix},$$

$$\boldsymbol{L} = \begin{bmatrix} 3 & -1 & 0 & 0 & -1 & -1 \\ -1 & 1 & 0 & 0 & 0 & 0 \\ 0 & 0 & 0 & 0 & 0 & 0 \\ 0 & 0 & 0 & 1 & -1 & 0 \\ -1 & 0 & 0 & -1 & 3 & -1 \\ -1 & 0 & 0 & 0 & -1 & 2 \end{bmatrix}$$

下面的引理说明了图的拉普拉斯矩阵的基本性质[191]。

引理 1.9:设 $\boldsymbol{L} \in \mathbf{R}^{N \times N}$ 是无向图 G 的拉普拉斯矩阵,则有如下结论:

(1)$\boldsymbol{L}$ 至少有一个 0 特征值,即 $\boldsymbol{L}\,\mathbf{1}_N = 0$,其中 $\mathbf{1}_N = [1 \quad 1 \quad \cdots \quad 1]^{\mathrm{T}} \in \mathbf{R}^N$;

(2)若 G 连通,则 0 是 $\boldsymbol{L}$ 的单一特征值,且其余 $N-1$ 个特征值均为正实数,即所有特征值满足 $0 = \lambda_1 < \lambda_2 \leqslant \cdots \leqslant \lambda_N$;

(3)若 G 不连通,则 $\boldsymbol{L}$ 至少有两个 0 特征值,且特征值 0 的几何重度等于代数重度。

引理 1.10:设 $\boldsymbol{L} \in \mathbf{R}^{N\times N}$ 是有向图 G 的拉普拉斯矩阵,则有如下结论:

(1)$\boldsymbol{L}$ 至少有一个 0 特征值,即 $\boldsymbol{L}\,\mathbf{1}_N = 0$,其中 $1_N = [1 \quad 1 \quad \cdots \quad 1]^{\mathrm{T}} \in \mathbf{R}^N$;

(2)如果 G 包含生成树,那么 0 是 $\boldsymbol{L}$ 的单一特征值,且其余 $N-1$ 个特征值均具有正实部,即 $0 = \lambda_1 < \mathrm{Re}(\lambda_2) \leqslant \mathrm{Re}(\lambda_3) \leqslant \cdots \leqslant \mathrm{Re}(\lambda_N)$, $\mathrm{Re}(\cdot)$ 表示取复数的实部;

(3)如果 G 不包含生成树,那么 $\boldsymbol{L}$ 至少有两个 0 特征值,且特征值 0 的几何重度不小于 2。

1.3.4　系统稳定性理论[192]

引理 1.11:对于如下形式的连续时间线性时不变系统

$$\dot{\boldsymbol{x}}(t) = \boldsymbol{A}\boldsymbol{x}(t),\ t \geqslant 0 \tag{1.27}$$

其中, $\boldsymbol{x}(t) \in \mathbf{R}^d$; $\boldsymbol{A} \in \mathbf{R}^{d\times d}$ 。若可构造对 $\boldsymbol{x}(t)$ 具有连续一阶偏导数的一个标量函数 $V(\boldsymbol{x}(t))$, $V(\boldsymbol{x}(0)) = 0$,且对状态空间 $\mathbf{R}^n$ 中所有非零状态点 $\boldsymbol{x}(t)$ 满足如下条件:

(1) $V(\boldsymbol{x}(t))$ 为正定;

(2) $\dot{V}(\boldsymbol{x}(t)) \overset{\mathrm{def}}{=} \mathrm{d}V(\boldsymbol{x}(t))/\mathrm{d}t$ 为负定;

(3)当 $\| x(t) \| \to \infty$,有 $V(x(t)) \to \infty$ 。

则系统式(1.27)是渐近稳定的,且平衡状态为 $\boldsymbol{x}(t) = 0$ 。

引理 1.12:对于连续时间线性时不变系统式(1.27),原点平衡状态 $\boldsymbol{x}(t) = 0$ 是渐近稳定的充分必要条件为,矩阵 $\boldsymbol{A}$ 的全部特征值 $\lambda_i(\boldsymbol{A})$,($i = 1,2,\cdots,d$) 均具有负实部,即矩阵 $\boldsymbol{A}$ 是 Hurwitz 的。

引理 1.13[193]:对于如下形式的连续时间线性时不变系统

$$\dot{\boldsymbol{x}}(t) = \boldsymbol{A}\boldsymbol{x}(t) + \boldsymbol{B}\boldsymbol{u}(t),\ t \geqslant 0 \tag{1.28}$$

其中, $\boldsymbol{x}(t) \in \mathbf{R}^d$, $\boldsymbol{u}(t) \in \mathbf{R}^m$ 分别表示系统的状态和控制输入,系数为 $\boldsymbol{A} \in \mathbf{R}^{d\times d}$, $\boldsymbol{B} \in \mathbf{R}^{d\times m}$ 。那么,下列命题等价:

(1)系统式(1.28)稳定;

(2)对任意正定矩阵 $\boldsymbol{Q}$,李雅普诺夫方程 $\boldsymbol{A}^{\mathrm{T}}\boldsymbol{P} + \boldsymbol{P}\boldsymbol{A} + \boldsymbol{Q} = \mathbf{0}$ 存在正定解 $\boldsymbol{P}$;

(3)存在正定矩阵 $\boldsymbol{Q}$ 使得李雅普诺夫方程 $\boldsymbol{A}^{\mathrm{T}}\boldsymbol{P} + \boldsymbol{P}\boldsymbol{A} + \boldsymbol{Q} = \mathbf{0}$ 有唯一正定解 $\boldsymbol{P}$;

(4)存在正定矩阵 $\boldsymbol{Q}$ 使得方程 $\boldsymbol{A}^{\mathrm{T}}\boldsymbol{P} + \boldsymbol{P}\boldsymbol{A} + \boldsymbol{Q} < \mathbf{0}$ 成立。

第2章　固定拓扑条件下多智能体系统保成本一致性控制

2.1　引　　言

在有关固定拓扑条件下多智能体系统一致性控制问题的现有文献中，主要研究的是多智能体系统能否获得一致或者是在什么条件下获得一致，很少有研究成果考虑系统在获得一致的控制过程中的能量消耗。然而，在军事和民用领域内有很多实际的多智能体系统，不仅要求各智能体的状态变量获得一致，还要求在获得一致的控制过程中的能量消耗满足某种条件，即多智能体系统的优化一致性控制问题。

保成本控制思想是一种基于性能指标函数的优化控制思想，在孤立系统的控制问题中应用较为广泛。本章将保成本控制思想推广到多智能体系统一致性控制问题中，利用智能体之间的状态差信息和控制输入信息，构建能够表征多智能体系统分布式特征的性能指标函数，同时考虑多智能体系统的一致性调节性能和能量消耗，分别对一阶和高阶多智能体系统保成本一致性控制问题进行讨论。

本章内容安排如下：第2.2节给出固定拓扑条件下一阶多智能体系统获得保成本一致的判据和保成本上界，并进行仿真验证；第2.3节介绍二阶多智能体系统的保成本一致性控制问题，并验证相关结论；第2.4节小结本章的主要工作。

2.2　一阶多智能体系统保成本一致性控制

本节首先详细地描述固定拓扑条件下一阶多智能体系统保成本一致性控制问题，然后分别给出系统获得和可获得保成本一致的判据，并在系统获得保成本一致时为性能指标函数给出一个上界，最后通过数值仿真验证结论的有效性。

将一阶多智能体系统保成本一致性控制简称为一阶保成本一致性控制。

2.2.1　一阶保成本一致性控制问题描述

考虑一个多智能体系统，其由 N 个具有相同结构的一阶智能体构成。用自然数 $1 \sim N$ 为各智能体编号，即编号集合为 $\mathcal{I}_N = \{1,2,\cdots,N\}$ 。各智能体服从如下一阶积分器：

$$\dot{x}_i(t) = u_i(t) \tag{2.1}$$

其中，$i \in \mathcal{I}_N$；$x_i(t) \in \mathbf{R}$ 表示智能体 i 的状态变量；$u_i(t) \in \mathbf{R}$ 表示智能体 i 的控制输入，即一致性控制协议。考虑固定拓扑条件下的一致性控制协议

$$u_i(t) = k\sum_{j \in \mathcal{N}_i} w_{ij}\left[x_j(t) - x_i(t)\right] \tag{2.2}$$

其中，$i,j \in \mathcal{I}_N$；$k \in \mathbf{R}$ 表示控制增益；$\mathcal{N}_i$ 表示智能体 i 的邻居集；w_{ij} 是从智能体 j 到智能体 i 的边的作用强度。本节考虑的作用拓扑可以被描述为一个固定的无向作用拓扑图 G，每个节点表示一个智能体，每条边代表两个智能体之间的作用通道，边的权重表示两个智能体之间的作用强度。另外，记 $\boldsymbol{L}$ 表示作用拓扑 G 的拉普拉斯矩阵。在一致性控制协议式(2.2)的作用下，多智能体系统式(2.1)可以被描述为

$$\dot{\boldsymbol{x}}(t) = -k\boldsymbol{L}\boldsymbol{x}(t) \tag{2.3}$$

其中，该多智能体系统的全局状态变量 $\boldsymbol{x}(t) = [x_1(t),x_2(t),\cdots,x_N(t)]^{\mathrm{T}} \in \mathbf{R}^N$ 。

任意给定两个正常数 η 和 γ，对于一致性控制协议式(2.2)作用下的多智能体系统式(2.1)，考虑如下性能指标函数：

$$J_{\mathrm{C}} = J_{\mathrm{C}u} + J_{\mathrm{C}x} \tag{2.4}$$

其中，

$$J_{\mathrm{C}u} = \sum_{i=1}^{N}\int_0^{\infty} \eta u_i^2(t)\,\mathrm{d}t$$

$$J_{\mathrm{C}x} = \sum_{i=1}^{N}\int_0^{\infty}\sum_{j=1}^{N}\left\{\gamma w_{ij}\left[x_j(t) - x_i(t)\right]^2\right\}\mathrm{d}t$$

在性能指标函数 J_{C} 的约束下，多智能体系统式(2.1)在一致性控制协议式(2.2)的作用下获得保成本一致和可获得保成本一致的定义可有如下描述：

定义 2.1：对于一个控制增益 k 和任意给定的参数 $\eta > 0$ 和 $\gamma > 0$，如果存在一个与有界初始状态 $x(0)$ 相关的标量 α 和一个正数 J_{C}^* 使得 $\lim\limits_{t\to\infty}(\boldsymbol{x}(t) - \alpha\,\mathcal{I}_N) = 0$ 和 $J_{\mathrm{C}} \leqslant J_{\mathrm{C}}^*$ 同时成立，则称受性能指标函数式(2.4)约束的多智能体系统式(2.1)在一致性控制协议式(2.2)作用下获得了保成本一致。其中，

α 称为多智能体系统式(2.1)在一致性控制协议式(2.2)作用下的一致值，J_{C}^{*} 称为性能指标函数式(2.4)的一个保成本上界。

定义 2.2:对于任意给定的参数 $\eta>0$ 和 $\gamma>0$,如果存在一个控制增益 k 使得多智能体系统式(2.3)能够获得保成本一致,则称受性能指标函数式(2.4)约束的多智能体系统式(2.1)在一致性控制协议式(2.2)作用下可获得保成本一致。

注释 2.1:对于孤立系统的保成本控制问题,现有的文献[158]～[160]建立了相应的性能指标函数,其中利用了系统的状态变量和控制输入。与孤立系统不同,性能指标函数式(2.4)利用的是邻居智能体之间的状态差信息和所有一致性控制协议。从物理角度来看,与一致性控制协议 $u_i(t)$ $(i\in\mathcal{I}_N)$ 有关的 $J_{\mathrm{C}u}$ 表示在多智能体系统获得一致的控制过程中所消耗的能量。可以看到,性能指标 $J_{\mathrm{C}x}$ 是由所有状态差信息 $x_j(t)-x_i(t)$ $(i,j\in\mathcal{I}_N)$ 构建的,并不是直接利用各智能体的状态 $x_i(t)$ $(i\in\mathcal{I}_N)$ 构建,因而 $J_{\mathrm{C}x}$ 可以表示多智能体系统的一致性调节性能。这是因为,当多智能体系统获得保成本一致时,各智能体之间的状态差信息将会随着时间 $t\to\infty$ 而趋于 0,而各智能体的状态并不一定会趋于 0。

注释 2.2:在文献[157]中,作者引入了与作用拓扑相关的性能指标函数 J_{r} ,详见式(1.20)。J_{r} 与性能指标函数式(2.4)中的 J_{C} 有两个主要不同点:一是 J_{C} 引入了可选参数 η 和 γ ,进而使 J_{C} 可以根据实际需求来调节能量消耗和一致调节性能之间的比重,而 J_{r} 中的参数可以被看成 1,可见 J_{C} 能够对 $J_{\mathrm{C}u}$ 和 $J_{\mathrm{C}x}$ 实现折中设计。二是 J_{r} 中的 $j=1,2,\cdots,i$,表明有部分状态差没受到 J_{r} 的约束,如在 J_{r} 中当 $i=1$ 时 $j=0$,即智能体 $i=1$ 与其邻居智能体间的状态差没受到 J_{r} 的约束,而在 J_{C} 中的 $j=1,2,\cdots,N$,即 J_{C} 对所有状态差都能起到调节作用,可见 J_{C} 能够表征多智能体系统的分布式特征。

注释 2.3:与经典一致性控制协议式(1.9)相比,一致性控制协议式(2.2)的主要特征在于引入了控制增益 k 。目的在于通过选择合适的 k 使得多智能体系统式(2.3)获得保成本一致,也就是说在任意给定的 $\eta>0$ 和 $\gamma>0$ 情况下通过选择合适的 k 使性能指标函数式(2.4)尽可能小。对于没有性能指标函数约束的多智能体系统,所有的 $k>0$ 均能使多智能体系统式(2.3)获得一致。然而,保成本一致不仅要求系统获得一致,还需要性能指标函数满足 $J_{\mathrm{C}}\leqslant J_{\mathrm{C}}^{*}$ 。因此,在性能指标函数 J_{C} 的约束下,并不是所有的 $k>0$ 都能使多智能体系统式(2.3)获得保成本一致。

归纳起来说,本节主要考虑如下四个问题:

(1)多智能体系统式(2.3)在什么条件下可以获得保成本一致?

(2)如何选择一个合适的 k 使多智能体系统式(2.3)能够获得保成本一致？

(3)当多智能体系统式(2.3)获得保成本一致时，怎么确定一致值 α？

(4)当多智能体系统式(2.3)获得保成本一致时，如何给出一个保成本上界 J_C^*？

2.2.2　一阶保成本一致性控制分析与设计

在得到主要结论之前，利用状态空间分解法对多智能体系统的状态方程进行分解。首先，令 $0=\lambda_1\leqslant\lambda_2\leqslant\cdots\leqslant\lambda_N$ 表示拉普拉斯矩阵 $\boldsymbol{L}$ 的特征值，那么存在一个第一列为 $\mathbf{1}_N/\sqrt{N}$ 的正交矩阵 $\boldsymbol{U}$ 能够使得 $\boldsymbol{L}$ 满足

$$\boldsymbol{U}^{\mathrm{T}}\boldsymbol{L}\boldsymbol{U}=\mathrm{diag}\{0,\lambda_2,\lambda_3,\cdots,\lambda_N\} \tag{2.5}$$

令 $\boldsymbol{\Lambda}=\mathrm{diag}\{\lambda_2,\lambda_3,\cdots,\lambda_N\}$ 和状态变量

$$\widetilde{\boldsymbol{x}}(t)=\boldsymbol{U}^{\mathrm{T}}\boldsymbol{x}(t)=[\widetilde{x}_{\mathrm{c}}(t)\quad \widetilde{\boldsymbol{x}}_{\mathrm{r}}^{\mathrm{T}}(t)]^{\mathrm{T}} \tag{2.6}$$

其中，$\widetilde{x}_{\mathrm{c}}(t)\in\boldsymbol{R}$；$\widetilde{\boldsymbol{x}}_{\mathrm{r}}(t)\in\boldsymbol{R}^{N-1}$。从而，多智能体系统式(2.3)可以被转化为

$$\dot{\widetilde{x}}_{\mathrm{c}}(t)=0 \tag{2.7}$$

$$\dot{\widetilde{\boldsymbol{x}}}_{\mathrm{r}}(t)=-k\boldsymbol{\Lambda}\widetilde{\boldsymbol{x}}_{\mathrm{r}}(t) \tag{2.8}$$

下面的定理将给出一个多智能体系统式(2.3)获得保成本一致的充分条件和性能指标函数 J_C 的一个保成本上界。

定理 2.1：假设固定拓扑 G 是一个连通的无向作用拓扑。如果存在一个控制增益 $k>0$ 和一个正常数 ϑ 满足

$$\vartheta>\frac{1}{2}\eta\lambda_N k+\frac{\gamma}{k}$$

那么多智能体系统式(2.3)能够获得保成本一致。在这种情况下，保成本上界满足

$$J_C^*=\frac{\vartheta}{N}\boldsymbol{x}^{\mathrm{T}}(0)(N\boldsymbol{I}_N-\mathbf{1}_N\mathbf{1}_N^{\mathrm{T}})x(0)$$

证明：令

$$\boldsymbol{x}_{\mathrm{c}}(t)=\boldsymbol{U}[\widetilde{x}_{\mathrm{c}}(t)\quad 0]^{\mathrm{T}} \tag{2.9}$$

$$\boldsymbol{x}_{\mathrm{r}}(t)=\boldsymbol{U}[0\quad \widetilde{\boldsymbol{x}}_{\mathrm{r}}^{\mathrm{T}}(t)]^{\mathrm{T}} \tag{2.10}$$

由于 $\boldsymbol{U}$ 是一个正交矩阵，故 $\boldsymbol{x}_{\mathrm{c}}(t)$ 和 $\boldsymbol{x}_{\mathrm{r}}(t)$ 是线性独立的。从而，由式(2.6)可得

$$\boldsymbol{x}(t)=\boldsymbol{x}_{\mathrm{c}}(t)+\boldsymbol{x}_{\mathrm{r}}(t) \tag{2.11}$$

另外，由式(2.9)可得

$$\boldsymbol{x}_{\mathrm{c}}(t)=\frac{\widetilde{x}_{\mathrm{c}}(t)}{\sqrt{N}}\mathbf{1}_N \tag{2.12}$$

从式(2.7)可知，$\widetilde{x}_{\mathrm{c}}(t)$ 为一个常数。由式(2.11)和式(2.12)可得出，多智能体系统式(2.3)要获得一致当且仅当子系统式(2.8)是渐近稳定的，即

$$\lim_{t\to\infty}\widetilde{\boldsymbol{x}}_{\mathrm{r}}(t)=\mathbf{0} \tag{2.13}$$

对于子系统式(2.8)，考虑包含变量 $\widetilde{\boldsymbol{x}}_{\mathrm{r}}(t)$ 的李雅普诺夫函数

$$V(\widetilde{\boldsymbol{x}}_{\mathrm{r}}(t))=\vartheta\widetilde{\boldsymbol{x}}_{\mathrm{r}}^{\mathrm{T}}(t)\widetilde{\boldsymbol{x}}_{\mathrm{r}}(t) \tag{2.14}$$

其中，ϑ 是一个正常数。考虑到 $\boldsymbol{\Lambda}$ 是对称矩阵，从而 $V(\widetilde{x}_{\mathrm{r}}(t))$ 关于子系统式(2.8)对时间 t 求导可以得到

$$\dot{V}(\widetilde{\boldsymbol{x}}_{\mathrm{r}}(t))\mid_{(2.8)}=-2\vartheta k\widetilde{\boldsymbol{x}}_{\mathrm{r}}^{\mathrm{T}}(t)\boldsymbol{\Lambda}\widetilde{\boldsymbol{x}}_{\mathrm{r}}(t) \tag{2.15}$$

将 $\boldsymbol{\Lambda}=\mathrm{diag}\{\lambda_2,\lambda_3,\cdots,\lambda_N\}$ 代入式(2.15)可得

$$\dot{V}(\widetilde{\boldsymbol{x}}_{\mathrm{r}}(t))\mid_{(2.8)}=-2\vartheta k\sum_{i=2}^{N}\lambda_i\widetilde{x}_{\mathrm{r}i}^2(t) \tag{2.16}$$

如果作用拓扑 G 连通，那么由引理 1.9 可得相应拉普拉斯矩阵的所有特征值满足 $\lambda_i>0\ (i=2,3,\cdots,N)$。因而，从式(2.13)和式(2.16)可知，当 $k>0$ 时有 $\dot{V}(\widetilde{\boldsymbol{x}}_{\mathrm{r}}(t))\mid_{(2.8)}<0$，即 $k>0$ 能够使得多智能体系统式(2.3)获得一致。

对于性能指标函数式(2.4)，有

$$J_{\mathrm{C}u}=\eta k^2\int_0^{\infty}\boldsymbol{x}^{\mathrm{T}}(t)\boldsymbol{L}^2\boldsymbol{x}(t)\mathrm{d}t \tag{2.17}$$

$$J_{\mathrm{C}x}=2\gamma\int_0^{\infty}\boldsymbol{x}^{\mathrm{T}}(t)\boldsymbol{L}\boldsymbol{x}(t)\mathrm{d}t \tag{2.18}$$

另外，根据 $\boldsymbol{\Lambda}$ 的结构特征可得

$$\eta k^2\widetilde{\boldsymbol{x}}_{\mathrm{r}}^{\mathrm{T}}(t)\boldsymbol{\Lambda}^2\widetilde{\boldsymbol{x}}_{\mathrm{r}}(t)=\eta k^2\sum_{i=2}^{N}\lambda_i^2\widetilde{x}_{\mathrm{r}i}^2(t) \tag{2.19}$$

$$2\gamma\widetilde{\boldsymbol{x}}_{\mathrm{r}}^{\mathrm{T}}(t)\boldsymbol{\Lambda}\widetilde{\boldsymbol{x}}_{\mathrm{r}}(t)=2\gamma\sum_{i=2}^{N}\lambda_i\widetilde{x}_{\mathrm{r}i}^2(t) \tag{2.20}$$

由于 $\lambda_1=0$，从而由式(2.5)和式(2.6)中的变量转换可得

$$J_{\mathrm{C}}=\sum_{i=2}^{N}\int_0^{\infty}(\eta k^2\lambda_i^2+2\gamma\lambda_i)\widetilde{x}_{\mathrm{r}i}^2(t)\mathrm{d}t \tag{2.21}$$

另外，对于 $\lambda_i\ (i=2,3,\cdots,N)$ 来说，如果

$$\eta k^2\lambda_N+2\gamma-2\vartheta k<0 \tag{2.22}$$

成立，那么各特征值均满足

$$\eta k^2\lambda_i^2+2\gamma\lambda_i-2\vartheta k\lambda_i<0,\quad i=2,3,\cdots,N \tag{2.23}$$

因而，由式(2.23)可得

$$\sum_{i=2}^{N}(\eta k^2\lambda_i^2+2\gamma\lambda_i-2\vartheta k\lambda_i)<0 \tag{2.24}$$

另外，根据式(2.4)和式(2.21)可定义性能指标函数在 T 时刻的实时值为

$$J_T \stackrel{\text{def}}{=} \sum_{i=1}^{N}\int_0^T\left(\eta\mu_i^2(t)+\sum_{j=1}^{N}\{\gamma w_{ij}\,[x_j(t)-x_i(t)]^2\}\right)\mathrm{d}t = \sum_{i=2}^{N}\int_0^T(\eta k^2\lambda_i^2+2\gamma\lambda_i)\tilde{x}_{\mathrm{r}i}^2(t)\mathrm{d}t \tag{2.25}$$

其中，$T\geqslant 0$ 。考虑到

$$\int_0^T\dot{V}(\tilde{\boldsymbol{x}}_{\mathrm{r}}(t))\big|_{(2.8)}\mathrm{d}t = V(\tilde{\boldsymbol{x}}_{\mathrm{r}}(t))\big|_{t=T}-V(\tilde{\boldsymbol{x}}_{\mathrm{r}}(t))\big|_{t=0} \tag{2.26}$$

且 $\lim\limits_{T\to\infty}V(\tilde{\boldsymbol{x}}_{\mathrm{r}}(t))\big|_{t=T}=0$ ，由式(2.16)和式(2.24)可得

$$\begin{aligned}J_{\mathrm{C}} &= \lim_{T\to\infty}\left(J_T+\int_0^T\dot{V}[\tilde{\boldsymbol{x}}_{\mathrm{r}}(t)]\big|_{(2.8)}\mathrm{d}t-V[\tilde{\boldsymbol{x}}_{\mathrm{r}}(t)]\big|_{t=T}\right)+V[\tilde{x}_{\mathrm{r}}(t)]\big|_{t=0} = \\ &\lim_{T\to\infty}\int_0^T(\eta k^2\lambda_i^2+2\gamma\lambda_i-2\vartheta k\lambda_i)\tilde{x}_{\mathrm{r}i}^2(t)\mathrm{d}t+V[\tilde{\boldsymbol{x}}_{\mathrm{r}}(t)]\big|_{t=0} < \\ &V(\tilde{\boldsymbol{x}}_{\mathrm{r}}(t))\big|_{t=0}\end{aligned} \tag{2.27}$$

在式(2.5)中，可以令

$$\boldsymbol{U}=\begin{bmatrix}\dfrac{1}{\sqrt{N}} & \dfrac{\mathbf{1}_{N-1}^{\mathrm{T}}}{\sqrt{N}} \\ \dfrac{\mathbf{1}_{N-1}}{\sqrt{N}} & \bar{\boldsymbol{U}}\end{bmatrix} \tag{2.28}$$

考虑到正交矩阵满足 $\boldsymbol{U}\boldsymbol{U}^{\mathrm{T}}=\boldsymbol{I}_N$ ，从而有

$$\frac{\mathbf{1}_{N-1}^{\mathrm{T}}}{N}+\frac{\mathbf{1}_{N-1}^{\mathrm{T}}\bar{\boldsymbol{U}}^{\mathrm{T}}}{\sqrt{N}}=\mathbf{0} \tag{2.29}$$

$$\frac{\mathbf{1}_{N-1}\,\mathbf{1}_{N-1}^{\mathrm{T}}}{N}+\bar{\boldsymbol{U}}\bar{\boldsymbol{U}}^{\mathrm{T}}=\boldsymbol{I}_{N-1} \tag{2.30}$$

从式(2.6)可知

$$\tilde{\boldsymbol{x}}_{\mathrm{r}}(t)=[0,\boldsymbol{I}_{N-1}]\boldsymbol{U}^{\mathrm{T}}\boldsymbol{x}(t) \tag{2.31}$$

由式(2.14)可得

$$\begin{aligned}V(\tilde{\boldsymbol{x}}_{\mathrm{r}}(t)) &= \vartheta\boldsymbol{x}^{\mathrm{T}}(t)\boldsymbol{U}[0,\boldsymbol{I}_{N-1}]^{\mathrm{T}}[0,\boldsymbol{I}_{N-1}]\boldsymbol{U}^{\mathrm{T}}\boldsymbol{x}(t) = \\ &\frac{\vartheta}{N}\boldsymbol{x}^{\mathrm{T}}(t)(N\boldsymbol{I}_N-\mathbf{1}_N\,\mathbf{1}_N^{\mathrm{T}})\boldsymbol{x}(t)\end{aligned} \tag{2.32}$$

综上所述，根据式(2.22)、式(2.27)、式(2.32)和定义2.1可得结果。

当多智能体系统式(2.3)获得保成本一致时，下面的推论给出了多智能体系统式(2.3)中所有状态变量趋于共同的一致值。

推论2.1: 对于任意的有界初始状态 $\boldsymbol{x}(0)$ ，若多智能体系统式(2.3)获得了保成本一致，那么一致值满足

$$\alpha=\frac{1}{N}\sum_{i=1}^{N}x_i(0)$$

证明: 从定理2.1的证明过程可知，如果多智能体系统式(2.3)能够获得保成本一致，那么

$$\lim_{t\to\infty}(\boldsymbol{x}(t)-\boldsymbol{x}_{\mathrm{c}}(t))=\mathbf{0} \tag{2.33}$$

因而，由定义2.1，式(2.12)和式(2.33)可得一致值满足

$$\alpha=\frac{\tilde{x}_{\mathrm{c}}(t)}{\sqrt{N}} \tag{2.34}$$

根据式(2.6)可得

$$\tilde{x}_{\mathrm{c}}(t)=\boldsymbol{e}_1^{\mathrm{T}}\boldsymbol{U}^{\mathrm{T}}\boldsymbol{x}(t)=\frac{1}{\sqrt{N}}\sum_{i=1}^{N}x_i(t) \tag{2.35}$$

其中，$\boldsymbol{e}_1=[1,0,\cdots,0]^{\mathrm{T}}\in\mathbf{R}^N$ 。由于 $\tilde{x}_{\mathrm{c}}(t)$ 是一个常数，从而

$$\tilde{x}_{\mathrm{c}}(t)\equiv\tilde{x}_{\mathrm{c}}(0) \tag{2.36}$$

其中，$t\geqslant 0$ 。由式(2.34)至式(2.36)可得结果。

注释2.4: 推论2.1利用状态空间分解法给出了多智能体系统的一致值，这与现有文献中的一阶多智能体系统一致值相同。与现有文献[1]中的一致函数相对应，一致值可以被看成一种恒为常数的一致函数。另外，从推论2.1的证明过程可以看出，$\boldsymbol{x}_{\mathrm{c}}(t)$ 和 $\boldsymbol{x}_{\mathrm{r}}(t)$ 分别确定了多智能体系统式(2.3)的一致状态和不一致状态。可见，性能指标函数的引入并不影响系统的一致值，即保成本控制不影响多智能体系统的宏观运动。

从定理2.1可知 $\eta\lambda_N k^2-2\vartheta k+2\gamma<0$ 。考虑到 $\eta\lambda_N>0$ 是始终成立的，可以看出如果 $\vartheta^2-2\eta\lambda_N\gamma>0$，即可确定 k 。因而，可以直接得到下面的定理，该定理给出了多智能体系统式(2.3)可获得保成本一致的充分条件。

定理2.2: 假设固定拓扑 G 是一个连通的无向作用拓扑。如果

$$\vartheta>\sqrt{2\eta\lambda_N\gamma}$$

$$\frac{\vartheta-\sqrt{\vartheta^2-2\eta\lambda_N\gamma}}{\eta\lambda_N}<k<\frac{\vartheta+\sqrt{\vartheta^2-2\eta\lambda_N\gamma}}{\eta\lambda_N}$$

同时成立，那么多智能体系统式(2.3)可获得保成本一致。在这种情况下，保成本上界满足

$$J_C^* = \frac{\vartheta}{N}\boldsymbol{x}^{\mathrm{T}}(0)(N\boldsymbol{I}_N - \boldsymbol{1}_N\boldsymbol{1}_N^{\mathrm{T}})\boldsymbol{x}(0)$$

注释 2.5：定理 2.1 和定理 2.2 分别给出了一阶多智能体系统获得保成本一致和可获得保成本一致的充分条件。值得一提的是，这些结论只与多智能体系统作用拓扑的拉普拉斯矩阵的最大特征值 λ_N 有关。文献[157]中构建了与作用拓扑无关的性能指标函数 J_f，详见式(1.19)，由此得到的结论要求多智能体系统的作用拓扑必须是完全图，也就是说多智能体系统中的每两个智能体之间都必须都有相互作用，而本节利用性能指标函数 J_C 得到相应结论的过程中只需要作用拓扑连通。

注释 2.6：在定理 2.1 和定理 2.2 中，当拉普拉斯矩阵 $\boldsymbol{L}$ 的维数 N 很大时，很难精确获得 $\boldsymbol{L}$ 的特征值。引理 1.6 中的 Gersgorin disc 定理给了一种估算最大特征值的方法，利用该定理由拉普拉斯矩阵 $\boldsymbol{L}$ 的结构特征可估计出 $\boldsymbol{L}$ 的最大特征值为 2σ，其中 $\sigma = \max\{\deg_{\mathrm{in}}(v_i), i \in \mathcal{I}_N\}$。

2.2.3　数值仿真与分析

考虑一个由 6 个智能体组成的一阶多智能体系统，各个智能体编号为 1～6，即编号集合为 $\mathcal{I}_N = \{1,2,\cdots,6\}$，且每个智能体的动力学特性都由式(2.1)描述。在仿真过程中，任意给定一组初始状态

$$\boldsymbol{x}(0) = [1.0012 \quad -3.1989 \quad 2.6803 \quad 1.3998 \quad 3.6103 \quad -0.2518]^{\mathrm{T}}$$

给定性能指标函数式(2.4)中的参数为 $\eta = 0.85$ 和 $\gamma = 1.25$。图 2.1 中给出了固定作用拓扑 G，从图中可以看出作用拓扑是连通的。不失一般性，假设作用拓扑图的各条边权重均为 1，则通过计算得到拉普拉斯矩阵的最大特征值为 $\lambda_N = 5.0$。由定理 2.2 可得 $\vartheta = 3.5856$ 和 $k = 0.8788$ 可以使该多智能体系统获得保成本一致。

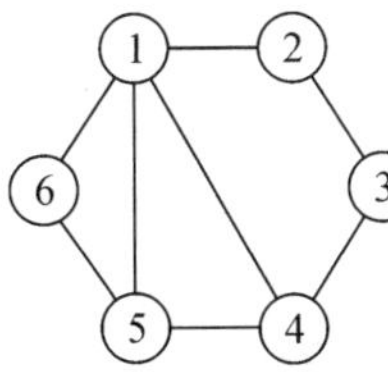

图 2.1　固定作用拓扑

通过仿真，如图 2.2 所示是该一阶多智能体系统各状态变量的变化曲线，可见所有状态趋于一致。图 2.3 给出的是性能指标函数实时值 J_T 的变化曲线与保成本上界 J_C^* 之间的关系，可以看出满足有 $J_T \leqslant J_C^*$ 。由推论 2.1 可得一致值为 $\alpha = 0.8735$ ，从图 2.2 中可知该一致值符合仿真结果。根据定理 2.1 得到的保成本上界为 $J_C^* = 103.6179$ 。由定义 2.1 可知，该一阶多智能体系统获得了保成本一致，证实了得到的相应结果。

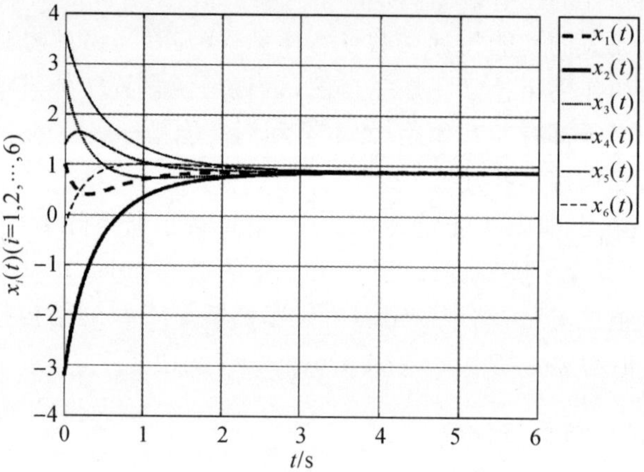

图 2.2　各智能体的状态变量曲线

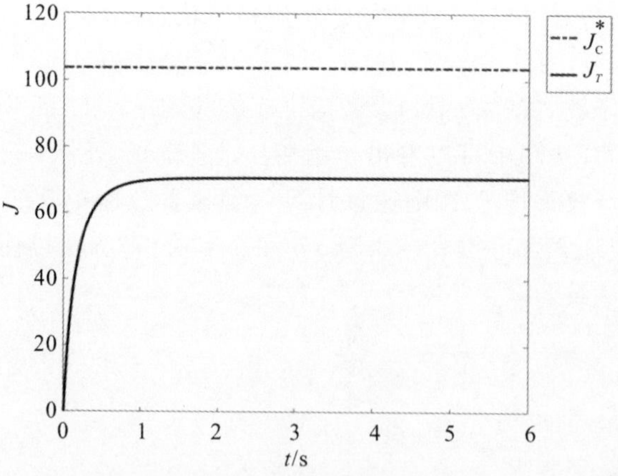

图 2.3　固定拓扑条件下性能指标函数与保成本上界的关系图

2.3 高阶多智能体系统保成本一致性控制

因为一阶多智能体系统和二阶多智能体系统中各智能体的动力学模型具有特殊的结构，所以需要采用的分析和设计方法具有特殊性，且相对比较简单。在很多实际应用中，为了更完整地描述多智能体系统中各智能体的动态特性，各智能体就不能只是建模为一阶或二阶智能体，而需要建模为高阶智能体。从而，本节分析固定拓扑条件下高阶多智能体系统的保成本一致性控制问题。

在本书中，将高阶多智能体系统保成本一致性控制简称为高阶保成本一致性控制。

2.3.1 高阶保成本一致性控制问题描述

考虑一个由 $N>0$ 个同构智能体组成的多智能体系统，智能体被编号为 1 到 N，编号集合为 $\mathcal{I}_N=\{1,2,\cdots,N\}$。各智能体可被描述为如下一般形式的高阶状态空间模型：

$$\dot{\boldsymbol{x}}_i(t)=\boldsymbol{A}\boldsymbol{x}_i(t)+\boldsymbol{B}\boldsymbol{u}_i(t) \tag{2.37}$$

其中，$i\in\mathcal{I}_N$；$\boldsymbol{A}\in\mathbf{R}^{d\times d}$；$\boldsymbol{B}\in\mathbf{R}^{d\times q}$；$x_i(t)\in\mathbf{R}^d$ 表示智能体 i 的状态变量；$\boldsymbol{u}_i(t)\in\mathbf{R}^q$ 是智能体 i 的一致性控制协议，即控制输入。令多智能体系统的全局状态变量 $\boldsymbol{x}(t)\in\mathbf{R}^{Nd}$ 和控制输入 $\boldsymbol{u}(t)\in\mathbf{R}^{Nq}$ 分别为

$$\boldsymbol{x}(t)=[\boldsymbol{x}_1^{\mathrm{T}}(t)\quad \boldsymbol{x}_2^{\mathrm{T}}(t)\quad \cdots\quad \boldsymbol{x}_N^{\mathrm{T}}(t)]^{\mathrm{T}}$$
$$\boldsymbol{u}(t)=[\boldsymbol{u}_1^{\mathrm{T}}(t)\quad \boldsymbol{u}_2^{\mathrm{T}}(t)\quad \cdots\quad \boldsymbol{u}_N^{\mathrm{T}}(t)]^{\mathrm{T}}$$

则从全局角度看多智能体系统可被描述为

$$\dot{\boldsymbol{x}}(t)=(\boldsymbol{I}_N\otimes\boldsymbol{A})\boldsymbol{x}(t)+(\boldsymbol{I}_N\otimes\boldsymbol{B})\boldsymbol{u}(t) \tag{2.38}$$

考虑如下一致性控制协议：

$$\boldsymbol{u}_i(t)=\boldsymbol{K}\sum_{j\in\mathcal{N}_i}w_{ij}(\boldsymbol{x}_j(t)-\boldsymbol{x}_i(t)) \tag{2.39}$$

其中，$i,j\in\mathcal{I}_N$；$\boldsymbol{K}\in\mathbf{R}^{q\times d}$ 表示增益矩阵；$\mathcal{N}_i$ 表示智能体 i 的邻居集；w_{ij} 是智能体 j 对智能体 i 的作用权重。本节考虑的作用拓扑可以被描述为一个固定的无向作用拓扑图 G，每个节点表示一个智能体，每条边代表两个智能体之间的作用通道，边的权重表示两个智能体之间的作用强度，$\boldsymbol{L}$ 为作用拓扑 G 对应的拉普拉斯矩阵。从多智能体系统的全局来看，一致性控制协议可写为

$$\boldsymbol{u}(t)=-(\boldsymbol{L}\otimes\boldsymbol{K})\boldsymbol{x}(t) \tag{2.40}$$

从而,多智能体系统式(2.38)在一致性控制协议(2.40)的作用下可被描述为

$$\dot{\boldsymbol{x}}(t)=[(\boldsymbol{I}_N\otimes\boldsymbol{A})-(\boldsymbol{L}\otimes\boldsymbol{BK})]\boldsymbol{x}(t) \tag{2.41}$$

令 $\boldsymbol{\delta}_{ij}(t)=\boldsymbol{x}_j(t)-\boldsymbol{x}_i(t)(i,j\in\mathcal{I}_N)$ 表示智能体 j 与智能体 i 之间的状态差信息,则在任意给定了对称正定矩阵 $\boldsymbol{Q}_x\in\mathbf{R}^{d\times d}$ 和 $\boldsymbol{Q}_u\in\mathbf{R}^{q\times q}$ 的情况下,多智能体系统(2.41)的性能指标函数可以定义为

$$J_{\mathrm{C}}=J_{\mathrm{C}x}+J_{\mathrm{C}u} \tag{2.42}$$

其中

$$J_{\mathrm{C}x}=\int_0^{\infty}\left\{\sum_{i=1}^{N}\sum_{j=1}^{N}w_{ij}(t)\left[\boldsymbol{\delta}_{ij}^{\mathrm{T}}(t)\boldsymbol{Q}_x\boldsymbol{\delta}_{ij}(t)\right]\right\}\mathrm{d}t$$

$$J_{\mathrm{C}u}=\int_0^{\infty}\sum_{i=1}^{N}\boldsymbol{u}_i^{\mathrm{T}}(t)\boldsymbol{Q}_u\boldsymbol{u}_i(t)\mathrm{d}t$$

从多智能体系统的全局来看,性能指标函数式(2.42)可写为

$$J_{\mathrm{C}}=\int_0^{\infty}\boldsymbol{x}^{\mathrm{T}}(t)(2\boldsymbol{L}\otimes\boldsymbol{Q}_x+\boldsymbol{L}^2\otimes\boldsymbol{K}^{\mathrm{T}}\boldsymbol{Q}_u\boldsymbol{K})\boldsymbol{x}(t)\mathrm{d}t \tag{2.43}$$

在考虑性能指标函数的情况下,下面分别给出多智能体系统获得保成本一致和可获得保成本一致的定义。

定义 2.3:对于一个增益矩阵 $\boldsymbol{K}$ 和任意给定的对称正定矩阵 $\boldsymbol{Q}_x$ 和 $\boldsymbol{Q}_u$,如果存在一个与有界初始状态 $x(0)$ 相关的向量函数 $\boldsymbol{c}(t)\in\mathbf{R}^d$ 使得 $\lim\limits_{t\to\infty}(\boldsymbol{x}(t)-\mathbf{1}_N\otimes\boldsymbol{c}(t))=\mathbf{0}$ 且存在一个正数 J_{C}^* 使得 $J_{\mathrm{C}}\leqslant J_{\mathrm{C}}^*$,那么称受性能指标函数式(2.42)约束的多智能体系统式(2.38)在一致性控制协议式(2.40)作用下获得了保成本一致,并称 $\boldsymbol{c}(t)$ 为多智能体系统式(2.38)在一致性控制协议式(2.40)作用下的一致函数,称 J_{C}^* 为性能指标函数式(2.42)的一个保成本上界。

定义 2.4:对于任意给定的对称正定矩阵 $\boldsymbol{Q}_x$ 和 $\boldsymbol{Q}_u$,如果存在增益矩阵 K 使得多智能体系统式(2.41)能够获得保成本一致,那么称受性能指标函数式(2.42)约束的多智能体系统式(2.38)在一致性控制协议式(2.40)作用下可获得保成本一致。

注释 2.7:在多智能体系统式(2.41)中,智能体的系统矩阵 $\boldsymbol{A}$ 描述了每个智能体固有的动力学特性,增益矩阵 $\boldsymbol{K}$ 描述了各智能体在执行控制输入时的作用增益。正是 $\boldsymbol{K}$ 的存在,可以使所有智能体的状态可能趋于一致且使得 J_{C}^* 尽可能地小。

注释 2.8:从数学角度来看,性能指标函数式(2.42)是以函数 $\delta_{ij}(t)$ 和

$\boldsymbol{u}_i(t)$ 为宗量的一个标量泛函。对于不同的控制输入 $\boldsymbol{u}_i(t)$ ，性能指标函数取不同的标量值。从物理角度来看，性能指标函数式(2.42)中的 J_{Cx} 表示一致调节性能，即为智能体之间状态差的“运动能量”，J_{Cu} 代表在控制过程中所消耗的能量，即为高阶多智能体系统的“控制能量”。可见，性能指标函数(2.42)属于能量类型的性能指标。

综上所述，可以总结得到本节主要讨论以下四个问题：

(1)在什么条件下多智能体系统式(2.41)获得保成本一致？

(2)如何确定增益矩阵 $\boldsymbol{K}$ 使得多智能体系统式(2.41)获得保成本一致？

(3)如何为性能指标函数式(2.42)确定一个保成本上界 J_C^* ？

(4)如何确定一致函数 $\boldsymbol{c}(t)$ 的显示表达式？

2.3.2　高阶保成本一致性控制分析

对于一个固定的无向作用拓扑，其拉普拉斯矩阵具有对称性，且有 $\boldsymbol{L}\,\boldsymbol{1}_N = \boldsymbol{0}$。从而，由拉普拉斯矩阵的结构特性可知，存在一个正交矩阵

$$\boldsymbol{U} = \begin{bmatrix} \dfrac{\boldsymbol{1}}{\sqrt{N}} & \dfrac{\boldsymbol{1}_{N-1}^{\mathrm{T}}}{\sqrt{N}} \\ \dfrac{\boldsymbol{1}_{N-1}}{\sqrt{N}} & \bar{\boldsymbol{U}} \end{bmatrix}$$

能够使得 $\boldsymbol{L}$ 满足

$$\boldsymbol{U}^{\mathrm{T}}\boldsymbol{L}\boldsymbol{U} = \boldsymbol{\Lambda} = \mathrm{diag}\{0,\lambda_2,\lambda_3,\cdots,\lambda_N\} \tag{2.44}$$

其中，$0 = \lambda_1 \leqslant \lambda_2 \leqslant \cdots \leqslant \lambda_N$ 表示拉普拉斯矩阵 $\boldsymbol{L}$ 的特征值。又令

$$\tilde{\boldsymbol{x}}(t) = (\boldsymbol{U}^{\mathrm{T}} \otimes \boldsymbol{I}_d)\boldsymbol{x}(t) = [\tilde{\boldsymbol{x}}_{\mathrm{c}}(t) \quad \tilde{\boldsymbol{x}}_{\mathrm{r}}^{\mathrm{T}}(t)]^{\mathrm{T}} \tag{2.45}$$

其中，$\tilde{\boldsymbol{x}}_{\mathrm{c}}(t) \in \mathbf{R}^d$；$\tilde{\boldsymbol{x}}_{\mathrm{r}}(t) \in \mathbf{R}^{(N-1)d}$ 且

$$\tilde{\boldsymbol{x}}_{\mathrm{r}}(t) = [\tilde{\boldsymbol{x}}_{\mathrm{r}1}^{\mathrm{T}}(t) \quad \tilde{\boldsymbol{x}}_{\mathrm{r}2}^{\mathrm{T}}(t) \quad \cdots \quad \tilde{x}_{\mathrm{r}(N-1)}^{\mathrm{T}}(t)]^{\mathrm{T}} \in \mathbf{R}^{(N-1)d}$$

从而，多智能体系统式(2.41)可以被分解为

$$\dot{\tilde{\boldsymbol{x}}}_{\mathrm{c}}(t) = \boldsymbol{A}\tilde{\boldsymbol{x}}_{\mathrm{c}}(t) \tag{2.46}$$

$$\dot{\tilde{\boldsymbol{x}}}_{\mathrm{r}}(t) = (\boldsymbol{A} - \lambda_i\boldsymbol{B}\boldsymbol{K})\tilde{\boldsymbol{x}}_{\mathrm{r}i}(t) \tag{2.47}$$

在式(2.47)中，$i = 2,3,\cdots,N$ 。

下面，给出高阶多智能体系统在固定拓扑条件下获得保成本一致的充分条件。

定理 2.3：假设固定拓扑 G 是一个连通的无向作用拓扑。如果存在一个

$d \times d$ 维实矩阵 $\boldsymbol{P} = \boldsymbol{P}^{\mathrm{T}} > \boldsymbol{0}$ 使得矩阵不等式

$$\boldsymbol{\Xi}_i = \begin{bmatrix} \boldsymbol{\Xi}_{i11} & 2\lambda_i \boldsymbol{Q}_x & \lambda_i \boldsymbol{K}^{\mathrm{T}} \boldsymbol{Q}_u \\ * & -2\lambda_i \boldsymbol{Q}_x & 0 \\ * & * & -\boldsymbol{Q}_u \end{bmatrix} < \boldsymbol{0}$$

成立，其中 $i = 2, N$；且 $\boldsymbol{\Xi}_{i11} = \boldsymbol{PA} + \boldsymbol{A}^{\mathrm{T}}\boldsymbol{P} - \lambda_i(\boldsymbol{PBK} + \boldsymbol{K}^{\mathrm{T}}\boldsymbol{B}^{\mathrm{T}}\boldsymbol{P})$，那么多智能体系统式(2.38)在一致性控制协议式(2.40)的作用下能够获得保成本一致。

证明：令

$$\boldsymbol{x}_{\mathrm{c}}(t) = (\boldsymbol{U} \otimes \boldsymbol{I}_d)[\tilde{x}_{\mathrm{c}}(t) \quad \boldsymbol{0}]^{\mathrm{T}} \tag{2.48}$$

$$\boldsymbol{x}_{\mathrm{r}}(t) = (\boldsymbol{U} \otimes \boldsymbol{I}_d)[\boldsymbol{0} \quad \tilde{\boldsymbol{x}}_{\mathrm{r}}^{\mathrm{T}}(t)]^{\mathrm{T}} \tag{2.49}$$

由于 $\boldsymbol{U}$ 是一个正交矩阵，故 $\boldsymbol{x}_{\mathrm{c}}(t)$ 和 $\boldsymbol{x}_{\mathrm{r}}(t)$ 是线性独立的。从而，由式(2.45)可得

$$\boldsymbol{x}(t) = \boldsymbol{x}_{\mathrm{c}}(t) + \boldsymbol{x}_{\mathrm{r}}(t) \tag{2.50}$$

由于

$$[\tilde{\boldsymbol{x}}_{\mathrm{c}}(t) \quad \boldsymbol{0}]^{\mathrm{T}} = \boldsymbol{e}_1 \otimes \tilde{\boldsymbol{x}}_{\mathrm{c}}(t) \tag{2.51}$$

其中 $\boldsymbol{e}_1$ 是一个第一元素为 1 其余所有元素为 0 的 N 维单位列向量，则由式(2.48)可得

$$\boldsymbol{x}_{\mathrm{c}}(t) = \frac{\boldsymbol{1}_N}{\sqrt{N}} \otimes \tilde{\boldsymbol{x}}_{\mathrm{c}}(t) \tag{2.52}$$

由式(2.50)和式(2.52)可得出，多智能体系统式(2.41)要获得一致，当且仅当子系统式(2.47)是渐近稳定的，即

$$\lim_{t \to \infty} \tilde{\boldsymbol{x}}_{\mathrm{r}}(t) = \boldsymbol{0} \tag{2.53}$$

即多智能体系统式(2.41)获得一致等价于所有子系统式(2.47)同时渐近稳定。

为证明子系统式(2.47)同时渐近稳定，考虑包含变量 $\tilde{\boldsymbol{x}}_{\mathrm{r}}(t)$ 的李雅普诺夫函数

$$V[\tilde{\boldsymbol{x}}_{\mathrm{r}}(t)] = V(t) = \tilde{\boldsymbol{x}}_{\mathrm{r}}^{\mathrm{T}}(t)(\boldsymbol{I}_{N-1} \otimes \boldsymbol{P})\tilde{\boldsymbol{x}}_{\mathrm{r}}(t) \tag{2.54}$$

其中，$\boldsymbol{P}$ 是一个 $d \times d$ 维对称正定矩阵。因此，可以得到 $V(\tilde{\boldsymbol{x}}_{\mathrm{r}}(t)) > 0$。进而，有

$$V(t) = \sum_{i=2}^{N} \tilde{\boldsymbol{x}}_{\mathrm{r}i}^{\mathrm{T}}(t)\boldsymbol{P}\tilde{\boldsymbol{x}}_{\mathrm{r}i}(t) \tag{2.55}$$

在此基础上，考虑 $V(t)$ 沿着式(2.47)的状态轨迹对时间 t 求导，可得

$$\dot{V}_1(t)\big|_{(2.47)} = \sum_{i=2}^{N} \tilde{\boldsymbol{x}}_{ri}^{\mathrm{T}}(t)[\boldsymbol{A}^{\mathrm{T}}\boldsymbol{P} + \boldsymbol{PA} - \lambda_i(\boldsymbol{PBK} + \boldsymbol{K}^{\mathrm{T}}\boldsymbol{B}^{\mathrm{T}}\boldsymbol{P})]\tilde{\boldsymbol{x}}_{ri}(t) \tag{2.56}$$

可以看出，当

$$\boldsymbol{A}^{\mathrm{T}}\boldsymbol{P} + \boldsymbol{PA} - \lambda_i(\boldsymbol{PBK} + \boldsymbol{K}^{\mathrm{T}}\boldsymbol{B}^{\mathrm{T}}\boldsymbol{P}) < \boldsymbol{0} \quad (i = 2,3,\cdots,N) \tag{2.57}$$

成立时，所有子系统式(2.47)同时渐近稳定。另外，由线性矩阵不等式 LMI 的凸集特性可知，如果不等式

$$\boldsymbol{\Xi}_{i11} = \boldsymbol{A}^{\mathrm{T}}\boldsymbol{P} + \boldsymbol{PA} - \lambda_i(\boldsymbol{PBK} + \boldsymbol{K}^{\mathrm{T}}\boldsymbol{B}^{\mathrm{T}}\boldsymbol{P}) < \boldsymbol{0} \quad (i = 2,N) \tag{2.58}$$

成立，那么所有子系统式(2.47)同时渐近稳定。

下面，考虑性能指标函数对多智能体系统的约束。与性能指标函数式(2.43)对应，令

$$\tilde{J}_{\mathrm{C}u} = \boldsymbol{x}^{\mathrm{T}}(t)(\boldsymbol{L}^2 \otimes \boldsymbol{K}^{\mathrm{T}}\boldsymbol{Q}_u\boldsymbol{K})\boldsymbol{x}(t) \tag{2.59}$$

$$\tilde{J}_{\mathrm{C}x} = 2\boldsymbol{x}^{\mathrm{T}}(t)(\boldsymbol{L} \otimes \boldsymbol{Q}_x)\boldsymbol{x}(t) \tag{2.60}$$

且

$$\tilde{J}_{\mathrm{C}} = \tilde{J}_{\mathrm{C}x} + \tilde{J}_{\mathrm{C}u} \tag{2.61}$$

考虑到 $\lambda_1 = 0$ 和式(2.44)，有

$$\tilde{\boldsymbol{x}}^{\mathrm{T}}(t)(\boldsymbol{\Lambda}^2 \otimes \boldsymbol{K}^{\mathrm{T}}\boldsymbol{Q}_u\boldsymbol{K})\tilde{\boldsymbol{x}}(t) = \sum_{i=2}^{N}\lambda_i^2\tilde{\boldsymbol{x}}_{ri}^{\mathrm{T}}(t)(\boldsymbol{K}^{\mathrm{T}}\boldsymbol{Q}_u\boldsymbol{K})\tilde{\boldsymbol{x}}_{ri}(t) \tag{2.62}$$

$$\tilde{\boldsymbol{x}}^{\mathrm{T}}(t)(\boldsymbol{\Lambda} \otimes \boldsymbol{Q}_x)\tilde{\boldsymbol{x}}(t) = \sum_{i=2}^{N}\lambda_i\tilde{\boldsymbol{x}}_{ri}^{\mathrm{T}}(t)\boldsymbol{Q}_x\tilde{\boldsymbol{x}}_{ri}(t) \tag{2.63}$$

由于 $\tilde{\boldsymbol{x}}(t) = (\boldsymbol{U}^{\mathrm{T}} \otimes \boldsymbol{I}_d)\boldsymbol{x}(t)$，从而由式(2.59) ~ 式(2.63) 可以令

$$\begin{aligned}\tilde{J}_{\mathrm{C}} &= \boldsymbol{x}^{\mathrm{T}}(t)(2\boldsymbol{L} \otimes \boldsymbol{Q}_x + \boldsymbol{L}^2 \otimes \boldsymbol{K}^{\mathrm{T}}\boldsymbol{Q}_u\boldsymbol{K})\boldsymbol{x}(t) = \\ &\sum_{i=2}^{N}\tilde{\boldsymbol{x}}_{ri}^{\mathrm{T}}(t)(2\lambda_i\boldsymbol{Q}_x + \lambda_i^2\boldsymbol{K}^{\mathrm{T}}\boldsymbol{Q}_u\boldsymbol{K})\tilde{\boldsymbol{x}}_{ri}(t)\end{aligned} \tag{2.64}$$

另外，定义

$$\mathfrak{J}(t) \overset{\mathrm{def}}{=} \dot{V}(t)\big|_{(2.47)} + \tilde{J}_{\mathrm{C}} \tag{2.65}$$

可以注意到，由于 $\tilde{J}_{\mathrm{C}} \geqslant 0$，使得如果 $\mathfrak{J}(t) \leqslant 0$ 就有 $\dot{V}(t)\big|_{(2.47)} \leqslant 0$。因而

$$\begin{aligned}\mathfrak{J}(t) = &\sum_{i=2}^{N}\tilde{\boldsymbol{x}}_{ri}^{\mathrm{T}}(t)(\boldsymbol{A}^{\mathrm{T}}\boldsymbol{P} + \boldsymbol{PA} - \lambda_i(\boldsymbol{PBK} + \boldsymbol{K}^{\mathrm{T}}\boldsymbol{B}^{\mathrm{T}}\boldsymbol{P}))\tilde{\boldsymbol{x}}_{ri}(t) + \\ &\sum_{i=2}^{N}\tilde{\boldsymbol{x}}_{ri}^{\mathrm{T}}(t)(2\lambda_i\boldsymbol{Q}_x + \lambda_i^2\boldsymbol{K}^{\mathrm{T}}\boldsymbol{Q}_u\boldsymbol{K})\tilde{\boldsymbol{x}}_{ri}(t)\end{aligned} \tag{2.66}$$

对于式(2.66)，由 Schur 补定理可得，如果 $\boldsymbol{\Xi}_i < \boldsymbol{0}(i = 2,3,\cdots,N)$，那么

$\boldsymbol{\Xi}_{i11} < \mathbf{0}(i=2,3,\cdots,N)$。从而，可得 $\mathfrak{J}(t) \leqslant 0$，当且仅当 $\tilde{\boldsymbol{x}}_{ri}(t) \equiv \mathbf{0}$ $(i=2,3,\cdots,N)$ 时才有 $\mathfrak{J}(t)=0$。由式(2.65)可知 $\dot{V}(t)\mid_{(2.47)} \leqslant 0$，当且仅当 $\tilde{\boldsymbol{x}}_{ri}(t) \equiv \mathbf{0}(i=2,3,\cdots,N)$ 时，才有 $\dot{V}(t)\mid_{(2.47)}=0$。另外，考虑到 LMI 的凸集特性，如果 $\boldsymbol{\Xi}_i < \mathbf{0}(i=2,N)$，即可得所有子系统式(2.47)同时渐近稳定，且此时多智能体系统满足性能指标函数式(2.43)的约束。

在式(2.66)中，由 $\mathfrak{J}(t) \leqslant 0$ 可得

$$\tilde{J}_{\mathrm{C}} \leqslant -\dot{V}(t)\mid_{(2.47)} \tag{2.67}$$

同时考虑到 $\lim\limits_{t\to\infty}V(t)=0$ 和式(2.64)中有 $\int_0^\infty \tilde{J}_{\mathrm{C}}\mathrm{d}t = J_{\mathrm{C}}$，对上式由比较原理可得 $J_{\mathrm{C}} \leqslant V(t)\big|_{t=0} = V(0)$。

综上所述，由定义 2.3 可知，如果 $\boldsymbol{\Xi}_i < \mathbf{0}$ $(i=2,N)$ 成立，则高阶多智能体系统式(2.41)获得保成本一致，并且性能指标函数式(2.43)满足 $J_{\mathrm{C}} \leqslant V(0)$。

当多智能体系统式(2.41)获得保成本一致时，在定理 2.3 的基础上给出性能指标函数的一个上边界。

定理 2.4：当存在 $d\times d$ 维实矩阵 $\boldsymbol{P}=\boldsymbol{P}^{\mathrm{T}} > \mathbf{0}$ 使多智能体系统式(2.41)获得保成本一致时，保成本上界满足

$$J_{\mathrm{C}}^{*} = \boldsymbol{x}^{\mathrm{T}}(0)(\boldsymbol{Y}\otimes\boldsymbol{P})\boldsymbol{x}(0)$$

其中，$\boldsymbol{Y}=\boldsymbol{I}_N - \mathbf{1}_N\mathbf{1}_N^{\mathrm{T}}/N$。

证明：由式(2.45)可知

$$\tilde{\boldsymbol{x}}_{\mathrm{r}}(t) = [\mathbf{0},\boldsymbol{I}_{(N-1)d}]((\boldsymbol{U}^{\mathrm{T}}\otimes\boldsymbol{I}_d)\boldsymbol{x}(t)) \tag{2.68}$$

其中 $\mathbf{0}\in\mathbf{R}^{(N-1)d\times d}$。而由式(2.44)中 $\boldsymbol{U}$ 的结构可得

$$[\mathbf{0},\boldsymbol{I}_{(N-1)d}](\boldsymbol{U}^{\mathrm{T}}\otimes\boldsymbol{I}_d) = \left[\frac{\mathbf{1}_{N-1}}{\sqrt{N}},\bar{\boldsymbol{U}}\right]\otimes\boldsymbol{I}_d \tag{2.69}$$

从而，由式(2.54)可得

$$V(t) = \boldsymbol{x}^{\mathrm{T}}(t)(\boldsymbol{Y}\otimes\boldsymbol{P})\boldsymbol{x}(t) \tag{2.70}$$

其中

$$\boldsymbol{Y} = \begin{bmatrix} \dfrac{\mathbf{1}_{N-1}^{\mathrm{T}}\mathbf{1}_{N-1}}{N} & \dfrac{\mathbf{1}_{N-1}^{\mathrm{T}}\bar{\boldsymbol{U}}^{\mathrm{T}}}{\sqrt{N}} \\ \dfrac{\bar{\boldsymbol{U}}\mathbf{1}_{N-1}}{\sqrt{N}} & \bar{\boldsymbol{U}}\bar{\boldsymbol{U}}^{\mathrm{T}} \end{bmatrix}$$

由正交矩阵 $\boldsymbol{U}$ 满足 $\boldsymbol{U}\boldsymbol{U}^{\mathrm{T}} = \boldsymbol{I}_N$ 可得

$$\mathbf{1}_{N-1}^{\mathrm{T}}\bar{\boldsymbol{U}}^{\mathrm{T}}/\sqrt{N} = -\mathbf{1}_{N-1}^{\mathrm{T}}/N \tag{2.71}$$

$$\bar{\boldsymbol{U}}\bar{\boldsymbol{U}}^{\mathrm{T}} = \boldsymbol{I}_{N-1} - \boldsymbol{1}_{N-1}\boldsymbol{1}_{N-1}^{\mathrm{T}}/N \tag{2.72}$$

成立。进而可得 $\boldsymbol{Y} = \boldsymbol{I}_N - \boldsymbol{1}_N \boldsymbol{1}_N^{\mathrm{T}}/N$ 。由于

$$V(0) = V(t)\big|_{t=0} = \boldsymbol{x}^{\mathrm{T}}(0)(\boldsymbol{Y} \otimes \boldsymbol{P})\boldsymbol{x}(0) \tag{2.73}$$

从而,该定理得证。

注释 2.9:定理 2.4 给出了性能指标函数的一个保成本上界 J_{C}^{*} ,可以看到该保成本上界与多智能体系统的初始状态相关,但与作用拓扑的结构和多智能体系统的动态特性无直接关系。系数矩阵 $\boldsymbol{Y}$ 对应于一个权重全为 1 的完全图的拉普拉斯矩阵,并且保成本上界中包含有拉普拉斯矩阵的一次项和平方项。

定理 2.5:当多智能体系统式(2.41)获得保成本一致时,一致函数 $\boldsymbol{c}(t)$ 满足

$$\lim_{t\to\infty}\left[\boldsymbol{c}(t) - \mathrm{e}^{\boldsymbol{A}t}\left(\frac{1}{N}\sum_{i=1}^{N}\boldsymbol{x}_i(0)\right)\right] = \boldsymbol{0}$$

证明:当多智能体系统式(2.41)获得保成本一致时, $\lim\limits_{t\to\infty}\tilde{\boldsymbol{x}}_{\mathrm{r}}(t) = \boldsymbol{0}$ 成立。从而,系统的宏观运动由系统式(2.47) 决定,即一致函数 $\boldsymbol{c}(t)$ 可由式(2.46)来确定。从式(2.46)可知

$$\tilde{\boldsymbol{x}}_{\mathrm{c}}(t) = \mathrm{e}^{\boldsymbol{A}t}\tilde{\boldsymbol{x}}_{\mathrm{c}}(0) \tag{2.74}$$

而由式(2.45)可得

$$\begin{aligned}\tilde{\boldsymbol{x}}_{\mathrm{c}}(0) &= [\boldsymbol{I}_{(N-1)d} \quad 0 \quad \cdots \quad 0][(\boldsymbol{U}^{\mathrm{T}} \otimes \boldsymbol{I}_d)\boldsymbol{x}(0)] = \\ &\frac{1}{\sqrt{N}}(\boldsymbol{1}_N^{\mathrm{T}} \otimes \boldsymbol{I}_d)\boldsymbol{x}(0)\end{aligned} \tag{2.75}$$

因而,有

$$\tilde{\boldsymbol{x}}_{\mathrm{c}}(t) = \mathrm{e}^{\boldsymbol{A}t}\left[\frac{1}{\sqrt{N}}\sum_{i=1}^{N}\boldsymbol{x}_i(0)\right] \tag{2.76}$$

又由式(2.50)和 $\lim\limits_{t\to\infty}\tilde{\boldsymbol{x}}_{\mathrm{r}}(t) = \boldsymbol{0}$ 可得 $\lim\limits_{t\to\infty}\boldsymbol{x}_{\mathrm{r}}(t) = \boldsymbol{0}$,从而有

$$\lim_{t\to\infty}(\boldsymbol{x}(t) - \boldsymbol{x}_{\mathrm{c}}(t)) = \boldsymbol{0} \tag{2.77}$$

因此,由定义 2.3 可得一致函数满足

$$\lim_{t\to\infty}\left[\boldsymbol{c}(t) - \frac{1}{\sqrt{N}}\tilde{\boldsymbol{x}}_{\mathrm{c}}(t)\right] = \boldsymbol{0} \tag{2.78}$$

综上所述,由式(2.76)和式(2.78)可得一致函数。

注释 2.10:事实上,子系统式(2.46)和式(2.47)分别描述的是整个高阶多智能体系统的绝对运动特性和各智能体之间的相对运动特性。其中,多智能体

系统对整体绝对运动特性描述了当所有状态获得一致时的共同运动特性，即可描述为一致函数。当多智能体系统式(2.37)在一致性控制协议式(2.38)的作用下获得保成本一致时，定理2.5利用状态空间分解法得到系统的一致函数。

定理2.6：假设固定拓扑G是一个连通的无向作用拓扑。如果存在$d\times d$维实矩阵$\widetilde{\boldsymbol{P}}=\widetilde{\boldsymbol{P}}^{\mathrm{T}}>\boldsymbol{0}$和矩阵$\widetilde{\boldsymbol{K}}\in\mathbf{R}^{m\times d}$使得线性矩阵不等式

$$\widetilde{\boldsymbol{\Xi}}_i=\begin{bmatrix}\widetilde{\boldsymbol{\Xi}}_{i11} & 2\lambda_i\widetilde{\boldsymbol{P}}\boldsymbol{Q}_x & \lambda_i\widetilde{\boldsymbol{K}}^{\mathrm{T}}\boldsymbol{Q}_u\\ * & -2\lambda_i\boldsymbol{Q}_x & \boldsymbol{0}\\ * & * & -\boldsymbol{Q}_u\end{bmatrix}<\boldsymbol{0}$$

可行，其中$i=2,N$；且$\widetilde{\boldsymbol{\Xi}}_{i11}=\boldsymbol{A}\widetilde{\boldsymbol{P}}+\widetilde{\boldsymbol{P}}\boldsymbol{A}^{\mathrm{T}}-\widetilde{\lambda}_i(\boldsymbol{B}\widetilde{\boldsymbol{K}}+\widetilde{\boldsymbol{K}}^{\mathrm{T}}\boldsymbol{B}^{\mathrm{T}})$，那么多智能体系统式(2.38)在一致性控制协议式(2.40)的作用下可获得保成本一致。在这种情况下，一致性控制协议中的增益矩阵满足$\boldsymbol{K}=\widetilde{\boldsymbol{K}}\widetilde{\boldsymbol{P}}^{-1}$，保成本上界满足

$$J_{\mathrm{C}}^{*}=\boldsymbol{x}^{\mathrm{T}}(0)(\boldsymbol{Y}\otimes\widetilde{\boldsymbol{P}}^{-1})\boldsymbol{x}(0)$$

其中，$\boldsymbol{Y}=\boldsymbol{I}_N-\boldsymbol{1}_N\boldsymbol{1}_N^{\mathrm{T}}/N$。

证明：利用变量代换法来确定$\boldsymbol{K}$。对定理2.3中的矩阵不等式$\boldsymbol{\Xi}_i<\boldsymbol{0}$ $(i=2,N)$分别左乘

$$\boldsymbol{\Pi}^{\mathrm{T}}=\mathrm{diag}\{\boldsymbol{P}^{-\mathrm{T}},\boldsymbol{I}_d,\boldsymbol{I}_q\}$$

和右乘

$$\boldsymbol{\Pi}=\mathrm{diag}\{\boldsymbol{P}^{-1},\boldsymbol{I}_d,\boldsymbol{I}_q\}$$

可得

$$\widetilde{\widetilde{\boldsymbol{\Xi}}}_i=\boldsymbol{\Pi}^{\mathrm{T}}\boldsymbol{\Xi}_i\boldsymbol{\Pi}=\begin{bmatrix}\widetilde{\widetilde{\boldsymbol{\Xi}}}_{i11} & 2\widetilde{\lambda}_i\boldsymbol{P}^{-\mathrm{T}}\boldsymbol{Q}_x & \widetilde{\lambda}_i\boldsymbol{P}^{-\mathrm{T}}\boldsymbol{K}^{\mathrm{T}}\boldsymbol{Q}_u\\ * & -2\widetilde{\lambda}_i\boldsymbol{Q}_x & 0\\ * & * & -\boldsymbol{Q}_u\end{bmatrix}<\boldsymbol{0} \tag{2.79}$$

其中，$\widetilde{\widetilde{\boldsymbol{\Xi}}}_{i11}=\boldsymbol{A}\boldsymbol{P}^{-1}+\boldsymbol{P}^{-\mathrm{T}}\boldsymbol{A}^{\mathrm{T}}-\widetilde{\lambda}_i(\boldsymbol{B}\boldsymbol{K}\boldsymbol{P}^{-1}+\boldsymbol{P}^{-\mathrm{T}}\boldsymbol{K}^{\mathrm{T}}\boldsymbol{B}^{\mathrm{T}})$。在式(2.79)中设$\widetilde{\boldsymbol{P}}=\boldsymbol{P}^{-1}$及$\widetilde{\boldsymbol{K}}=\boldsymbol{K}\boldsymbol{P}^{-1}$，那么有$\widetilde{\boldsymbol{\Xi}}_i<\boldsymbol{0}(i=2,N)$，进而可得该定理。

注释2.10：定理2.3和定理2.6分别给出了固定作用拓扑条件下高阶多智能体系统获得保成本一致性问题分析与设计方法，其中涉及到了拉普拉斯矩阵$\boldsymbol{L}$的最小非零特征值λ_2和最大特征值λ_N。对于当多智能体系统中智能体个数N非常大时，λ_2和λ_N相应的估算方法可参考注释2.6。

2.3.3 仿真验证与分析

考虑一个由5个智能体组成的高阶多智能体系统，各个智能体编为由

1～5,每个智能体的动力学特性都由式(2.37)描述,其中 $\mathcal{I}_N=\{1,2,\cdots,5\}$。考虑如图 2.4 所示的固定无向作用拓扑 G,相应的拉普拉斯矩阵为矩阵 $\boldsymbol{L}$,从 $\boldsymbol{L}$ 的结构特征可知 G 是连通的。通过计算,得到 $\boldsymbol{L}$ 的最小非零特征值 $\lambda_2=1.3820$ 和最大特征值 $\lambda_N=3.6180$。在性能指标函数式(2.43)中,参数矩阵任意给定为

$$\boldsymbol{Q}_u=\boldsymbol{I} \text{ 和 } \boldsymbol{Q}_x=\begin{bmatrix}1.0 & -0.5\\ -0.5 & 1.0\end{bmatrix}$$

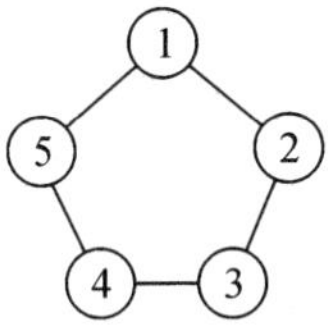

图 2.4　固定作用拓扑

在仿真中,考虑如下各智能体的初始状态:

$$\boldsymbol{x}_1(0)=\begin{bmatrix}3\\ -3\end{bmatrix},\quad \boldsymbol{x}_2(0)=\begin{bmatrix}-2\\ 4\end{bmatrix},\quad \boldsymbol{x}_3(0)=\begin{bmatrix}1\\ -1\end{bmatrix},$$

$$\boldsymbol{x}_4(0)=\begin{bmatrix}2\\ 3\end{bmatrix},\ \boldsymbol{x}_5(0)=\begin{bmatrix}1\\ 6\end{bmatrix}$$

根据定理 2.6 利用 LMI 工具包可知,当

$$\widetilde{\boldsymbol{P}}=\begin{bmatrix}0.0018 & -0.0015\\ -0.0015 & 0.1993\end{bmatrix}$$

时,即

$$\boldsymbol{P}=\begin{bmatrix}559.0620 & 4.2077\\ 4.2077 & 5.0492\end{bmatrix}$$

和控制增益矩阵为 $\boldsymbol{K}=[1.2956\quad 1.6509]$ 时能够保证 $\boldsymbol{\Xi}_i<\boldsymbol{0}(i=2,N)$。

在此参数的基础上进行仿真,图 2.5 和图 2.6 中分别给出了在上述初始状态条件下该高阶多智能体系统的状态曲线。图 2.7 给出的是性能指标函数 J_{C} 的变化趋势与保成本上界 J_{C}^* 之间的关系,可以看出始终有 $J_{\mathrm{C}}\leqslant J_{\mathrm{C}}^*$ 。根据定义 2.3 可知,该高阶多智能体系统获得了保成本一致。在这种情况下,保成本上界为 $J_{\mathrm{C}}^*=7977.3346$ 。根据定理 2.5,该高阶多智能体系统在获得保成本一致时,其一致函数满足:

$$\lim_{t\to\infty}\left(\boldsymbol{c}(t)-\mathrm{e}^{\boldsymbol{A}t}\begin{bmatrix}1\\ 1.8\end{bmatrix}\right)=\boldsymbol{0}$$

在图 2.5 和图 2.6 中分别用圆圈标出的曲线即为上述各自状态的一致函数，表明一致函数与初始状态和智能体的动态特性直接相关，与智能体之间的作用拓扑和性能指标函数无关。

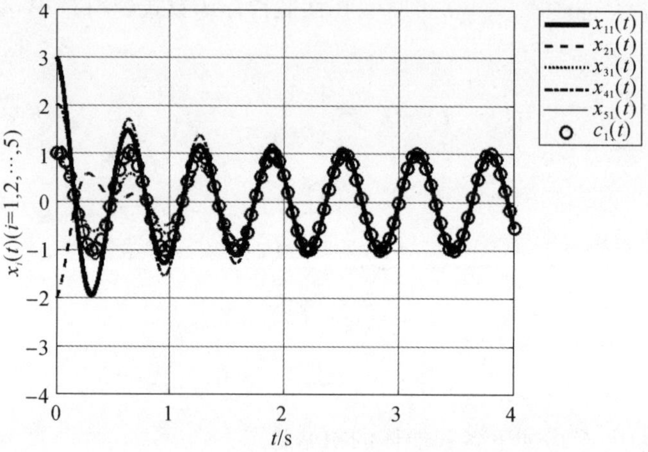

图 2.5　状态变量曲线 $x_{i1}(t)(i=1,2,\cdots,5)$

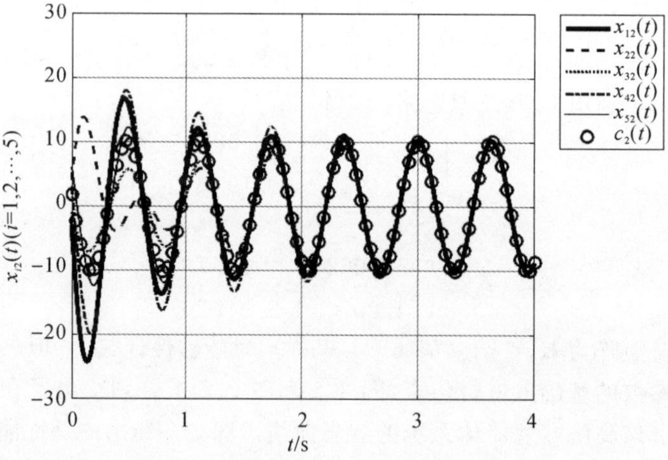

图 2.6　状态变量曲线 $x_{i2}(t)(i=1,2,\cdots,5)$

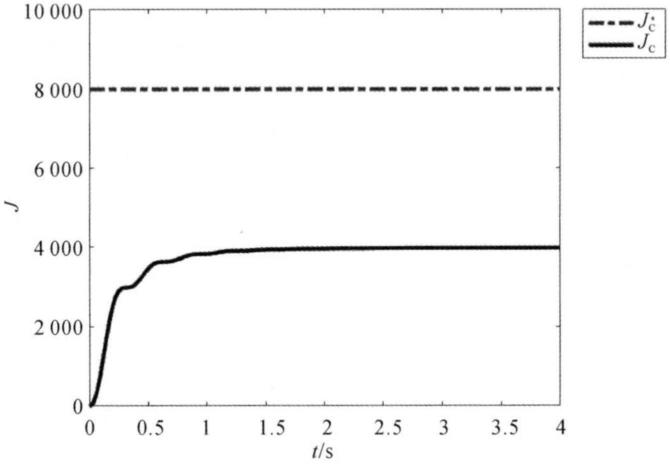

图 2.7　性能指标函数与保成本上界的关系图

2.4　本章小结

本章将保成本控制思想引入多智能体系统的一致性控制，介绍了固定拓扑条件下多智能体系统保成本一致性控制问题，主要包括两个方面：一方面介绍了固定拓扑条件下一阶多智能体系统的保成本一致性控制问题；另一方面讲述了固定拓扑条件下高阶多智能体系统的保成本一致性控制问题。

第3章　切换拓扑条件下多智能体系统保成本一致性控制

3.1 引　　言

固定拓扑条件下多智能体系统中各智能体具有固定的邻居集,而切换拓扑条件下各智能体的邻居集是变化的。正因如此,切换拓扑的拉普拉斯矩阵片断连续且具有不确定性,从而使切换拓扑条件下多智能体系统的一致性控制问题更加具有挑战性。值得指出的是,现有文献中研究了切换拓扑对多智能体系统一致性控制的影响,只考虑了在切换拓扑条件下多智能体系统能否获得一致,或考虑作用拓扑和各智能体的结构特性满足什么条件多智能体系统才能获得一致,但多智能体系统获得一致的控制过程中所消耗的能量没有被考虑。

第2章介绍了固定拓扑条件下多智能体系统的保成本一致性控制问题,将保成本控制思想引入多智能体系统一致性控制。事实上,保成本控制思想不仅适用于确定参数条件下的优化控制问题,而且适用于具有不确定性参数的优化控制问题。本章将保成本的控制思想引入切换拓扑条件下多智能体系统的一致性控制,讨论具有不确定特性条件下的优化一致性控制问题,考虑在切换拓扑条件下多智能体系统获得一致的一致性调节性能和消耗能量两个性能指标,实现对二者的折中设计。

本章内容安排如下:第3.2节讨论连通切换拓扑条件下一阶多智能体系统的保成本一致性控制问题,其中考虑的是连通切换拓扑情形,即切换拓扑集合中各个作用拓扑均是连通的;第3.3节对联合连通切换拓扑条件下高阶多智能体系统的保成本一致性控制问题进行讨论,其中考虑的是联合连通切换拓扑情形,即切换拓扑集合中各个作用拓扑不一定连通,但所有作用拓扑形成的联合作用拓扑是连通的;在第3.4节小结本章的主要工作。

3.2 连通切换拓扑条件下一阶保成本一致性控制

本节首先对连通切换拓扑条件下一阶多智能体系统保成本一致问题进行详细地描述，然后基于状态空间分解法和李雅普诺夫稳定性原理给出多智能体系统获得保成本一致的判据条件，为性能指标函数确定在多智能体系统获得保成本一致时的一个保成本上界，给出多智能体系统的一致值，并分析切换拓扑对一阶多智能体系统保成本一致性控制的影响，最后通过数值仿真验证结论的有效性。

3.2.1 连通切换拓扑条件下保成本一致性控制问题描述

考虑一个由 N 个同构的一阶智能体组成的多智能体系统，各智能体被编号为 1 到 N，即编号集合为 $\mathcal{I}_N = \{1,2,\cdots,N\}$。各智能体由以下一阶积分器描述：

$$\dot{x}_i(t) = u_i(t) \tag{3.1}$$

其中，$i \in \mathcal{I}_N$；$x_i(t) \in \mathbf{R}$ 表示智能体 i 的状态变量；$u_i(t) \in \mathbf{R}$ 表示智能体 i 的控制输入。考虑切换作用拓扑条件下的一致性控制协议

$$u_i(t) = k \sum_{j \in \mathcal{N}_i(t)} w_{ij}(t)[x_j(t) - x_i(t)] \tag{3.2}$$

其中，$i,j \in \mathcal{I}_N$；$k \in \mathbf{R}$ 表示控制增益；$\mathcal{N}_i(t)$ 表示智能体 i 的邻居集；$w_{ij}(t)$ 是从智能体 j 到智能体 i 的边的作用强度。可以看出，$\mathcal{N}_i(t)$ 和 $w_{ij}(t)$ 是时变的。

本节考虑切换拓扑的情形，该切换拓扑中所有可能的无向作用拓扑组成的拓扑集合记为 $\Gamma = \{G_1, G_2, \cdots, G_M\}$，作用拓扑编号集合 $\mathcal{I}_M = \{1,2,\cdots,M\}$ 为一个有限自然数集。令切换信号由 $\sigma(t):[0,\infty) \rightarrow \mathcal{I}_M$ 表示，其在时刻 t 的取值即为该时刻相应作用拓扑的编号。例如，若在 $t = t_0$ 时刻切换信号满足 $\sigma(t) = 2$，则 $t = t_0$ 时刻作用于多智能体系统式(3.1)的作用拓扑为集合 Γ 中第 2 个作用拓扑，即有 $G_{\sigma(t)} = G_2$ 和 $\boldsymbol{L}_{\sigma(t)} = \boldsymbol{L}_2$。其中，$\boldsymbol{L}_{\sigma(t)}$ 表示拓扑 $G_{\sigma(t)}$ 的时变拉普拉斯矩阵。在切换过程中，$G_{\sigma(t)}$ 可以任意切换，即切换信号 $\sigma(t)$ 可以在 $\mathcal{I}_M$ 中任意取值。

对于作用拓扑 $G_{\sigma(t)}$ 的切换运动，假设如下条件成立：

假设 3.1：拓扑集合 Γ 中所有的拓扑图 $G_m \in \Gamma(m \in \mathcal{I}_M)$ 都是连通的。

假设 3.2：$G_{\sigma(t)}$ 的切换时刻 $0 < t_1 < t_2 < \cdots < t_n < \cdots$ 满足条件 $\inf_n(t_{n+1} -$

$t_n) = T_{\rm d}$，其中最短驻留时间 $T_{\rm d} > 0$ 是一个给定的常数。

在一致性控制协议式(3.2)的作用下，多智能体系统式(3.1)可被描述为

$$\dot{\boldsymbol{x}}(t) = -k\boldsymbol{L}_{\sigma(t)}\boldsymbol{x}(t) \tag{3.3}$$

其中，$\boldsymbol{x}(t) = [x_1(t), x_2(t), \cdots, x_N(t)]^{\rm T}$。对多智能体系统(3.1)和一致性控制协议式(3.2)，考虑如下性能指标函数

$$J_{\rm C} = \sum_{i=1}^{N}\int_0^{\infty}\Big(\eta u_i^2(t) + \sum_{j=1}^{N}\{\gamma w_{ij}(t)[x_j(t) - x_i(t)]^2\}\Big){\rm d}t \tag{3.4}$$

其中，η 和 γ 是两个给定的正常数。

在考虑性能指标函数 $J_{\rm C}$ 的条件下，多智能体系统式(3.1)在一致性控制协议式(3.2)的作用下获得保成本一致和可获得保成本一致的定义可描述为：

定义 3.1：对于一个控制增益 k 和任意给定的参数 $\eta > 0$ 和 $\gamma > 0$，如果存在一个与有界初始状态 $\boldsymbol{x}(0)$ 相关的标量 α 和一个正数 $J_{\rm C}^*$ 使得 $\lim\limits_{t\to\infty}(\boldsymbol{x}(t) - \alpha\boldsymbol{1}_N) = 0$ 和 $J_{\rm C} \leqslant J_{\rm C}^*$ 同时成立，则称受性能指标函数式(3.4)约束的多智能体系统式(3.1)在一致性控制协议式(3.2)作用下获得了保成本一致。其中，α 称为多智能体系统式(3.1)在一致性控制协议式(3.2)作用下的一致值，$J_{\rm C}^*$ 称为性能指标函数式(3.4)的一个保成本上界。

定义 3.2：对于任意给定的参数 $\eta > 0$ 和 $\gamma > 0$，如果存在一个控制增益 k 使得多智能体系统式(3.3)能够获得保成本一致，则称受性能指标函数式(3.4)约束的多智能体系统式(3.1)在一致性控制协议式(3.2)作用下可获得保成本一致。

注释 3.1：可以看出，性能指标函数式(3.4)中的 $J_{\rm C}$ 是一个二次型函数。并且，$J_{\rm C}$ 可以被分解为以下两部分：

$$J_{{\rm C}u} = \sum_{i=1}^{N}\int_0^{\infty}\eta u_i^2(t){\rm d}t$$

$$J_{{\rm C}x} = \sum_{i=1}^{N}\int_0^{\infty}\sum_{j=1}^{N}\{\gamma w_{ij}(t)[x_j(t) - x_i(t)]^2\}{\rm d}t$$

从物理角度来看，$J_{{\rm C}u}$ 表示的是多智能体系统式(3.1)在一致性控制协议式(3.2)的作用下获得保成本一致所消耗的能量，$J_{{\rm C}x}$ 表示的是获得一致的调节性能。在参数 η 和 γ 被给定的情况下，保成本一致性控制分析的目的就是要寻找一个合适的控制增益 k 使得 $J_{\rm C}^*$ 取得一个尽可能小的值。在孤立系统的保成本控制中，性能指标函数是由控制输入和状态信息建立的，而性能指标函数式(3.4)是由控制输入和状态差信息建立的，这是保成本控制与保成本一致性控制的本质区别。因此，保成本控制的分析方法不能直接用来分析保成本

一致性控制问题。

注释 3.2：一方面，从一致性控制协议式(3.2)中可以看出，多智能体系统的智能体只能与其邻居集中的智能体进行信息交换，从而系统的调节性能可以只用智能体与其邻居智能体之间的状态差信息进行表示，即需要在性能指标函数式(3.4)中体现多智能体系统的分布特性。另一方面，在得到多智能体系统式(3.3)获得保成本一致的充分条件过程中，需要建立 J_C 与 $\boldsymbol{L}_{\sigma(t)}$ 之间的联系。从而，在 J_{Cx} 中选择 $w_{ij}(t)$ 为系数。

注释 3.3：与切换拓扑条件下多智能体系统一致性控制问题中常见的一致性控制协议式(1.15)相比，本节中的一致性控制协议式(3.2)引入了控制增益 k，而上述文献中一致性控制协议的控制增益可以看作 1。控制增益 k 的引入就是保证通过调节控制输入的权重使得多智能体系统式(3.3)能够获得保成本一致。换句话说，就是通过选择合适的 k 来获得性能指标函数 J_C 的一个上界 J_C^*。

3.2.2　连通切换拓扑条件下保成本一致性控制分析

基于状态空间分解法和李雅普诺夫稳定性定理，给出了一个多智能体系统式(3.3)获得保成本一致的充分条件，确定了系统的一致值，并给定了性能指标函数的一个上界。正是有假设 3.1 作为讨论的前提，切换拓扑集合 Γ 中所有可能的作用拓扑均连通的情况被称为连通切换拓扑。

首先，令 $\lambda_{\sigma(t)}^{(i)} > 0(i \in \mathcal{I}_N)$ 表示拉普拉斯矩阵 $\boldsymbol{L}_{\sigma(t)}$ 的所有特征值，且满足大小关系 $0 = \lambda_{\sigma(t)}^{(1)} < \lambda_{\sigma(t)}^{(2)} \leqslant \cdots \leqslant \lambda_{\sigma(t)}^{(N)}$。那么，根据假设 3.1 可知，存在一个第一列为 $\mathbf{1}_N/\sqrt{N}$ 的正交矩阵 $\boldsymbol{U}$ 能够使得所有的 $\boldsymbol{L}_{\sigma(t)}$ 满足

$$\boldsymbol{U}^{\mathrm{T}}\boldsymbol{L}_{\sigma(t)}\boldsymbol{U} = \operatorname{diag}\{0, \bar{\boldsymbol{L}}_{\sigma(t)}\} \tag{3.5}$$

其中，$\bar{\boldsymbol{L}}_{\sigma(t)}$ 是一个对称矩阵。

设状态变量 $\boldsymbol{x}(t)$ 满足如下变换：

$$\tilde{\boldsymbol{x}}(t) = \boldsymbol{U}^{\mathrm{T}}\boldsymbol{x}(t) = [\tilde{x}_c(t) \quad \tilde{\boldsymbol{x}}_r^{\mathrm{T}}(t)]^{\mathrm{T}} \tag{3.6}$$

其中，$\tilde{x}_c(t) \in \mathbf{R}$；$\tilde{\boldsymbol{x}}_r(t) \in \mathbf{R}^{N-1}$。从而，多智能体系统式(3.3)可以被转化为

$$\dot{\tilde{x}}_c(t) = 0 \tag{3.7}$$

$$\dot{\tilde{\boldsymbol{x}}}_r(t) = -k\bar{\boldsymbol{L}}_{\sigma(t)}\tilde{\boldsymbol{x}}_r(t) \tag{3.8}$$

显然，$\tilde{x}_c(t)$ 是一个常数。

作用拓扑 $G_m \in \Gamma(m \in \mathcal{I}_M)$ 的拉普拉斯矩阵表示为 $\boldsymbol{L}_m$，令 $0 = \lambda_m^{(1)} <$

$\lambda_m^{(2)} \leqslant \cdots \leqslant \lambda_m^{(N)}$ 表示 $\boldsymbol{L}_m$ 的特征值。用 $\tilde{\lambda}_N = \max\{\lambda_m^{(N)}, \forall m \in \mathcal{I}_M\}$ 表示作用拓扑集 Γ 中所有图拓扑的拉普拉斯矩阵的最大特征值。那么，下面的定理给出了多智能体系统式(3.1)在一致性控制协议式(3.2)的作用下获得保成本一致的充分条件和性能指标函数 J_{C} 的一个上界。

定理 3.1：在假设 3.1 和假设 3.2 同时成立时，如果存在一个控制增益 k 和一个正常数 υ 使得

$$\upsilon > \sqrt{2\eta\tilde{\lambda}_N\gamma}$$

$$\frac{\upsilon - \sqrt{\upsilon^2 - 2\eta\tilde{\lambda}_N\gamma}}{\eta\tilde{\lambda}_N} < k < \frac{\upsilon + \sqrt{\upsilon^2 - 2\eta\tilde{\lambda}_N\gamma}}{\eta\tilde{\lambda}_N}$$

同时成立，那么多智能体系统式(3.1)在一致性控制协议式(3.2)的作用下可获得保成本一致。在这种情况下，保成本上界为

$$J_{\mathrm{C}}^* = \frac{\upsilon}{N}\boldsymbol{x}^{\mathrm{T}}(0)(N\boldsymbol{I}_N - \boldsymbol{1}_N\boldsymbol{1}_N^{\mathrm{T}})\boldsymbol{x}(0)$$

证明：令

$$\boldsymbol{\kappa}_{\mathrm{c}}(t) = \boldsymbol{U}\begin{bmatrix}\tilde{x}_{\mathrm{c}}(t) & \boldsymbol{0}\end{bmatrix}^{\mathrm{T}} \tag{3.9}$$

$$\boldsymbol{\kappa}_{\mathrm{r}}(t) = \boldsymbol{U}\begin{bmatrix}0 & \tilde{\boldsymbol{x}}_{\mathrm{r}}^{\mathrm{T}}(t)\end{bmatrix}^{\mathrm{T}} \tag{3.10}$$

其中，式(3.9)中的 $\boldsymbol{0} \in \mathbf{R}^{1\times(N-1)}$，式(3.10)中的 $0 \in \mathbf{R}$。由于 $\boldsymbol{U}$ 是一个正交矩阵，故 $\boldsymbol{\kappa}_{\mathrm{c}}(t)$ 和 $\boldsymbol{\kappa}_{\mathrm{r}}(t)$ 是线性独立的。由式(3.6)可得

$$\boldsymbol{x}(t) = \boldsymbol{\kappa}_{\mathrm{c}}(t) + \boldsymbol{\kappa}_{\mathrm{r}}(t) \tag{3.11}$$

由于 $\boldsymbol{U}$ 的第一列为 $\boldsymbol{1}_N/\sqrt{N}$，从而由式(3.9)可得

$$\boldsymbol{\kappa}_{\mathrm{c}}(t) = \frac{\tilde{x}_{\mathrm{c}}(t)}{\sqrt{N}}\boldsymbol{1}_N \tag{3.12}$$

考虑到 $\tilde{x}_{\mathrm{c}}(t)$ 为一个常数，由式(3.11)和式(3.12)可得出，多智能体系统式(3.3)要获得一致当且仅当子系统式(3.8)是渐近稳定的，即

$$\lim_{t\to\infty}\tilde{\boldsymbol{x}}_{\mathrm{r}}(t) = \boldsymbol{0}$$

为证子系统式(3.8)渐近稳定，考虑李雅普诺夫函数

$$V(\tilde{\boldsymbol{x}}_{\mathrm{r}}(t)) = \upsilon\tilde{\boldsymbol{x}}_{\mathrm{r}}^{\mathrm{T}}(t)\tilde{\boldsymbol{x}}_{\mathrm{r}}(t) \tag{3.13}$$

由于一个对称阵能够被转化为一个由其所有特征值构成的对角阵，从而考虑到 $\bar{\boldsymbol{L}}_{\sigma(t)}$ 的对称性可得存在一个正交矩阵 $\tilde{\boldsymbol{U}}_{\sigma(t)}$ 使得

$$\boldsymbol{\Lambda}_{\sigma(t)} = \tilde{\boldsymbol{U}}_{\sigma(t)}^{\mathrm{T}}\bar{\boldsymbol{L}}_{\sigma(t)}\tilde{\boldsymbol{U}}_{\sigma(t)} = \mathrm{diag}\{\lambda_{\sigma(t)}^{(2)}, \lambda_{\sigma(t)}^{(3)}, \cdots, \lambda_{\sigma(t)}^{(N)}\} \tag{3.14}$$

令

$$\boldsymbol{\zeta}_{\mathrm{r}}(t) = \tilde{\boldsymbol{U}}_{\sigma(t)}^{\mathrm{T}}\tilde{\boldsymbol{x}}_{\mathrm{r}}(t) = \begin{bmatrix}\zeta_{\mathrm{r}2}(t) & \zeta_{\mathrm{r}3}(t) & \cdots & \zeta_{\mathrm{r}N}(t)\end{bmatrix}^{\mathrm{T}} \tag{3.15}$$

从而，可以得到

$$\dot{\boldsymbol{\zeta}}_{\mathrm{r}}(t)=\dot{\widetilde{\boldsymbol{U}}}_{\sigma(t)}^{\mathrm{T}}\widetilde{\boldsymbol{x}}_{\mathrm{r}}(t)+\widetilde{\boldsymbol{U}}_{\sigma(t)}^{\mathrm{T}}\dot{\widetilde{\boldsymbol{x}}}_{\mathrm{r}}(t) \tag{3.16}$$

根据假设 3.2，可知切换拓扑的拉普拉斯矩阵具有片断连续性，因而在各个时间段 $[t_n,t_{n+1})(n=0,1,2,\cdots)$ 内 $\dot{\widetilde{\boldsymbol{U}}}_{\sigma(t)}\equiv\boldsymbol{0}$。故

$$\dot{\boldsymbol{\zeta}}_{\mathrm{r}}(t)=\widetilde{\boldsymbol{U}}_{\sigma(t)}^{\mathrm{T}}\dot{\widetilde{\boldsymbol{x}}}_{\mathrm{r}}(t) \tag{3.17}$$

由式(3.8)和式(3.15)，可得

$$\dot{\zeta}_{\mathrm{r}}(t)=-k\boldsymbol{\Lambda}_{\sigma(t)}\zeta_{\mathrm{r}}(t) \tag{3.18}$$

因而，$V(\widetilde{\boldsymbol{x}}_{\mathrm{r}}(t))$ 关于子系统式(3.8)对时间 t 求导可以得

$$\begin{aligned}\dot{V}(t)\big|_{(3.8)}=&-2\upsilon k\widetilde{x}_{\mathrm{r}}^{\mathrm{T}}(t)\bar{\boldsymbol{L}}_{\sigma(t)}\widetilde{x}_{\mathrm{r}}(t)=\\&-2\upsilon k\zeta_{\mathrm{r}}^{\mathrm{T}}(t)\boldsymbol{\Lambda}_{\sigma(t)}\zeta_{\mathrm{r}}(t)=\\&-2\upsilon k\sum_{i=2}^{N}\lambda_{\sigma(t)}^{(i)}\zeta_{\mathrm{r}i}^{2}(t)\end{aligned} \tag{3.19}$$

根据假设 3.1 和引理 1.9 可得，$\lambda_{\sigma(t)}^{(i)}>0\ (i=2,3,\cdots,N)$。因此，当 $k>0$ 时

$$\dot{V}(t)\big|_{(3.8)}<0 \tag{3.20}$$

即 $k>0$ 能够保证多智能体系统式(3.3)获得一致。

下面，分析多智能体系统式(3.3)获得保成本一致。首先，性能指标函数式(3.4)可转化为

$$J_{\mathrm{C}u}=\eta k^{2}\int_{0}^{\infty}\boldsymbol{x}^{\mathrm{T}}(t)\boldsymbol{L}_{\sigma(t)}^{2}\boldsymbol{x}(t)\mathrm{d}t \tag{3.21}$$

$$J_{\mathrm{C}x}=2\gamma\int_{0}^{\infty}\boldsymbol{x}^{\mathrm{T}}(t)\boldsymbol{L}_{\sigma(t)}\boldsymbol{x}(t)\mathrm{d}t \tag{3.22}$$

而根据式(3.14)和式(3.15)可得

$$\eta k^{2}\widetilde{\boldsymbol{x}}_{\mathrm{r}}^{\mathrm{T}}(t)\bar{\boldsymbol{L}}_{\sigma(t)}^{2}\widetilde{\boldsymbol{x}}_{\mathrm{r}}(t)=\eta k^{2}\sum_{i=2}^{N}\left[\lambda_{\sigma(t)}^{(i)}\zeta_{\mathrm{r}i}(t)\right]^{2} \tag{3.23}$$

$$2\gamma\widetilde{\boldsymbol{x}}_{\mathrm{r}}^{\mathrm{T}}(t)\bar{\boldsymbol{L}}_{\sigma(t)}\widetilde{\boldsymbol{x}}_{\mathrm{r}}(t)=2\gamma\sum_{i=2}^{N}\lambda_{\sigma(t)}^{(i)}\zeta_{\mathrm{r}i}^{2}(t) \tag{3.24}$$

由于 $\lambda_{\sigma(t)}^{(1)}=0$，从而可由式(3.5)和式(3.21)～式(3.24)可得

$$J_{\mathrm{C}}=\sum_{i=2}^{N}\int_{0}^{\infty}\left[\eta\left(k\lambda_{\sigma(t)}^{(i)}\right)^{2}+2\gamma\lambda_{\sigma(t)}^{(i)}\right]\zeta_{\mathrm{r}i}^{2}(t)\mathrm{d}t \tag{3.25}$$

另外，由假设 3.1 和 $\widetilde{\lambda}_{N}=\max\{\lambda_{m}^{(N)},\forall m\in\mathcal{I}_{M}\}$ 可知，当

$$\eta\widetilde{\lambda}_{N}k^{2}+2\gamma-2\upsilon k<0 \tag{3.26}$$

成立时可得

$$\eta\widetilde{\lambda}_{\sigma(t)}^{(N)}k^2+2\gamma-2\upsilon k<0 \tag{3.27}$$

进而，有

$$\eta\left(k\lambda_{\sigma(t)}^{(i)}\right)^2+2\gamma\lambda_{\sigma(t)}^{(i)}-2\upsilon k\lambda_{\sigma(t)}^{(i)}<0 \tag{3.28}$$

其中，$i=2,3,\cdots,N$ 。因而，有

$$\sum_{i=2}^{N}\left[\eta\left(k\lambda_{\sigma(t)}^{(i)}\right)^2+2\gamma\lambda_{\sigma(t)}^{(i)}-2\upsilon k\lambda_{\sigma(t)}^{(i)}\right]<0 \tag{3.29}$$

另外，根据式(3.4)和式(3.25)定义

$$\begin{aligned}J_T\overset{\text{def}}{=}&\sum_{i=1}^{N}\int_0^T\left(\eta\mu_i^2(t)+\sum_{j=1}^{N}\{\gamma w_{ij}(t)\left[x_j(t)-x_i(t)\right]^2\}\right)\mathrm{d}t=\\&\sum_{i=2}^{N}\int_0^T\left[\eta\left(k\lambda_{\sigma(t)}^{(i)}\right)^2+2\gamma\lambda_{\sigma(t)}^{(i)}\right]\zeta_{\mathrm{r}i}^2(t)\mathrm{d}t\end{aligned} \tag{3.30}$$

其中，$T\geqslant 0$ 。由于

$$\int_0^{\mathrm{T}}\dot{V}(t)\mid_{(3.8)}\mathrm{d}t=V(T)-V(0) \tag{3.31}$$

始终成立，则由式(3.19)和式(3.30)可得

$$\begin{aligned}J_T=&\sum_{i=2}^{N}\int_0^T\{\left[\eta\left(k\lambda_{\sigma(t)}^{(i)}\right)^2+2\gamma\lambda_{\sigma(t)}^{(i)}\right]\zeta_{\mathrm{r}i}^2(t)\}\mathrm{d}t+\\&\int_0^T\dot{V}(t)\mid_{(3.8)}\mathrm{d}t-\left[V(T)-V(0)\right]=\\&\sum_{i=2}^{N}\int_0^T\{\left[\eta\left(k\lambda_{\sigma(t)}^{(i)}\right)^2+2\gamma\lambda_{\sigma(t)}^{(i)}-2\upsilon k\lambda_{\sigma(t)}^{(i)}\right]\zeta_{\mathrm{r}i}^2(t)\}\mathrm{d}t-\\&V(T)+V(0)<V(0)\end{aligned} \tag{3.32}$$

在式(3.5)中，可以令

$$\boldsymbol{U}=\begin{bmatrix}\dfrac{1}{\sqrt{N}} & \dfrac{\mathbf{1}_{N-1}^{\mathrm{T}}}{\sqrt{N}}\\ \dfrac{\mathbf{1}_{N-1}}{\sqrt{N}} & \bar{\boldsymbol{U}}\end{bmatrix} \tag{3.33}$$

由于正交矩阵满足 $\boldsymbol{U}\boldsymbol{U}^{\mathrm{T}}=\boldsymbol{I}_N$ ，则有 $\mathbf{1}_{N-1}^{\mathrm{T}}\bar{\boldsymbol{U}}^{\mathrm{T}}/\sqrt{N}=-\mathbf{1}_{N-1}^{\mathrm{T}}/N$ 和 $\bar{\boldsymbol{U}}\bar{\boldsymbol{U}}^{\mathrm{T}}=\boldsymbol{I}_{N-1}-\mathbf{1}_{N-1}\mathbf{1}_{N-1}^{\mathrm{T}}/N$ 同时成立。由式(3.6)可知

$$\widetilde{\boldsymbol{x}}_{\mathrm{r}}(t)=\left[\mathbf{0}\quad\boldsymbol{I}_{N-1}\right]\boldsymbol{U}^{\mathrm{T}}\boldsymbol{x}(t) \tag{3.34}$$

而 $\boldsymbol{U}\left[\mathbf{0}\quad\boldsymbol{I}_{N-1}\right]^{\mathrm{T}}\left[\mathbf{0}\quad\boldsymbol{I}_{N-1}\right]\boldsymbol{U}^{\mathrm{T}}=\boldsymbol{Y}$ ，其中矩阵

$$
\boldsymbol{Y}=\begin{bmatrix}\dfrac{\mathbf{1}_{N-1}^{\mathrm{T}}\mathbf{1}_{N-1}}{N} & -\dfrac{\mathbf{1}_{N-1}^{\mathrm{T}}}{N}\\ -\dfrac{\mathbf{1}_{N-1}}{N} & \boldsymbol{I}_{N-1}-\dfrac{\mathbf{1}_{N-1}\mathbf{1}_{N-1}^{\mathrm{T}}}{N}\end{bmatrix}=
$$

$$
\frac{1}{N}(N\boldsymbol{I}_N-\mathbf{1}_N\mathbf{1}_N^{\mathrm{T}}) \tag{3.35}
$$

故由式(3.13)可得

$$
V(\widetilde{\boldsymbol{x}}_{\mathrm{r}}(t))=\upsilon\boldsymbol{x}^{\mathrm{T}}(t)\boldsymbol{Y}\boldsymbol{x}(t) \tag{3.36}
$$

因而,由式(3.35)和式(3.36)可得

$$
V(0)=\frac{\upsilon}{N}\boldsymbol{x}^{\mathrm{T}}(0)(N\boldsymbol{I}_N-\mathbf{1}_N\mathbf{1}_N^{\mathrm{T}})\boldsymbol{x}(0) \tag{3.37}
$$

综上所述,根据式(3.26)和式(3.32)可知,如果 $\upsilon^2-2\eta\widetilde{\lambda}_N\gamma>0$ 成立,那么可以得到定理 3.1 中的不等式判据,同时可由式(3.37)得到保成本上界 J_{C}^{*} 。

注释 3.4:在可查的文献中,切换拓扑条件下一阶多智能体系统一致性控制问题得到了较为广泛地研究。然而,这些结论并没有同时考虑一致性调节性能和获得一致过程中的能量消耗。本节依据性能指标函数式(3.4),在给定的参数情况下,对切换拓扑条件下的一致性调节性能和获得一致过程中的能量消耗进行了折中。

注释 3.5:定理 3.1 给出了性能指标函数的一个保成本上界 J_{C}^{*} ,其与系统的初始状态相关。同时,从定理 3.1 的证明过程可以看出保成本上界 J_{C}^{*} 具有一定的保守性。由式(3.21)和式(3.22)可令时间段 $t\in[0,T]$ 内的实时性能指标为

$$
J_T=\int_0^T\boldsymbol{x}^{\mathrm{T}}(t)(\eta k^2\boldsymbol{L}_{\sigma(t)}^2+2\gamma\boldsymbol{L}_{\sigma(t)})\boldsymbol{x}(t)\mathrm{d}t \tag{3.38}
$$

保成本上界的保守性可以描述为 $\Delta J=J_{\mathrm{C}}^{*}-J_T$ 。直观上看,J_T 与控制增益 k 有关,而 J_{C}^{*} 适合于一个范围内的所有 k ,从而 J_{C}^{*} 具有一定的保守性。

定理 3.2:若多智能体系统式(3.1)在一致性控制协议式(3.2)的作用下获得了保成本一致,那么一致值满足

$$
\alpha=\frac{1}{N}\sum_{i=1}^{N}x_i(0)
$$

证明:在定理 3.1 的证明过程中,当多智能体系统式(3.1)在一致性控制协议式(3.2)的作用下获得保成本一致时,由于

$$
\lim_{t\to\infty}\boldsymbol{\kappa}_{\mathrm{r}}(t)=\mathbf{0} \tag{3.39}
$$

则式(3.9)中的 $\boldsymbol{\kappa}_{\mathrm{c}}(t)$ 满足

$$\lim_{t\to\infty}(\boldsymbol{x}(t)-\boldsymbol{\kappa}_{\mathrm{c}}(t))=\boldsymbol{0} \tag{3.40}$$

由定义 3.1 可得一致值为

$$\alpha=\frac{1}{\sqrt{N}}\tilde{x}_{\mathrm{c}}(t) \tag{3.41}$$

根据式(3.6)可得

$$\tilde{x}_{\mathrm{c}}(t)=\frac{1}{\sqrt{N}}\sum_{i=1}^{N}x_i(t) \tag{3.42}$$

考虑到 $\tilde{x}_{\mathrm{c}}(t)$ 是一个常数,从而 $\tilde{x}_{\mathrm{c}}(t)\equiv\tilde{x}_{\mathrm{c}}(0)$ 。因此,由式(3.42)可得

$$\tilde{x}_{\mathrm{c}}(t)\equiv\frac{1}{\sqrt{N}}\sum_{i=1}^{N}x_i(0) \tag{3.43}$$

由式(3.41)和式(3.43)可得到该定理。

注释 3.6:在文献[1]中,作者指出高阶多智能体系统的动态特性包括两部分:一部分为所有智能体作为一个整体的绝对运动,即多智能体系统的整体宏观运动特性;另一部分为各智能体之间的相对运动,即多智能体系统的局部相对运动特性。定理 3.2 给出了利用状态空间分解确定一阶多智能体系统的一致值的方法,从证明过程可以看到 $\boldsymbol{\kappa}_{\mathrm{c}}(t)$ 可表示多智能体系统的绝对运动,$\boldsymbol{\kappa}_{\mathrm{r}}(t)$ 可表示各智能体之间的相对运动。也就是说,当相对运动能够获得渐近稳定,那么该多智能体系统即可获得一致。

保成本一致性控制的充分条件只与所有拉普拉斯矩阵 $\boldsymbol{L}_m(m\in\mathcal{I}_M)$ 的最大特征值 $\tilde{\lambda}_N$ 有关,可见 $\tilde{\lambda}_N$ 是一个关键参数。然而,当矩阵 $\boldsymbol{L}_m$ 的维数 N 很大时,很难获得 $\boldsymbol{L}_m$ 的特征值。事实上,考虑到注释 3.4 中所提到的 J_{C}^* 本身已具有保守性,故在 N 很大时可以取 $\tilde{\lambda}_N$ 的估计值。从而,可以根据 Gersgorin disc 定理得到如下推论。

推论 3.1:当多智能体系统中智能体数量 N 很大时,且假设 3.1 和假设 3.2 同时成立,如果存在一个控制增益 k 和一个正常数 υ 使得

$$\upsilon>\sqrt{4\eta\theta\gamma}$$

$$\frac{\upsilon-\sqrt{\upsilon^2-4\eta\theta\gamma}}{2\eta\theta}<k<\frac{\upsilon+\sqrt{\upsilon^2-4\eta\theta\gamma}}{2\eta\theta}$$

同时成立,那么多智能体系统式(3.1)在一致性控制协议式(3.2)的作用下可获得保成本一致。其中,最大入度 $\theta=\max\{d_m,m\in\mathcal{I}_M\}$,且 $d_m=\max\{\deg_{\mathrm{in}}(v_i),i\in\mathcal{I}_N\}$ 表示拓扑图 $G_m(m\in\mathcal{I}_M)$ 最大的入度。在这种情况下,保成本上界为

$$J_{\mathrm{C}}^{*} = \frac{\upsilon}{N}\boldsymbol{x}^{\mathrm{T}}(0)(N\boldsymbol{I}_N - \boldsymbol{1}_N\boldsymbol{1}_N^{\mathrm{T}})\boldsymbol{x}(0)$$

证明:对于一个无向图的拉普拉斯矩阵 $\boldsymbol{L}_m(m \in \mathcal{I}_M)$,由引理 1.6 中的 Gersgorin disc 定理可得 $\boldsymbol{L}_m$ 的任意一个特征值 λ 至少满足

$$|\lambda - \deg_{\mathrm{in}}(v_i)| \leqslant \deg_{\mathrm{in}}(v_i), \quad i \in \mathcal{I}_N \tag{3.44}$$

从而,$\boldsymbol{L}_m$ 的所有特征值 $\lambda_m^{(i)}$ 满足

$$0 \leqslant \lambda_m^{(i)} \leqslant 2d_m, \quad i \in \mathcal{I}_N \tag{3.45}$$

其中,$d_m = \max\{\deg_{\mathrm{in}}(v_i), i \in \mathcal{I}_N\}$ 。在此情况下,$\boldsymbol{L}_m$ 的最大特征值可以被估算为 $2d_m$ 。因而,可以得到所有 $\boldsymbol{L}_m$ 的最大特征值中最大的特征值为

$$\tilde{\lambda}_N = 2\theta = 2\max\{d_m, m \in \mathcal{I}_M\} \tag{3.46}$$

因此,由定理 4.1 可得该推论。

注释 3.7:在推论 3.1 中,最大特征值 $\tilde{\lambda}_N$ 是由 Gersgorin disc 定理和作用拓扑的结构特性估算出来的。当 N 很大时,该推论给出了一个多智能体系统式(3.3)可获得保成本一致的简单方法。特别地,当 N 很大并且每两个智能体之间都有信息交换时,最大特征值可被估算为 $2(N-1)$ 。

注释 3.8:可以看到,性能指标函数式(3.4)中的性能调节指标 $J_{\mathrm{C}x}$ 是由邻居集内的状态差信息构建的,即 $J_{\mathrm{C}x}$ 的系数 $w_{ij}(t)$ 是由一致性控制协议式(3.2)的系数决定的。若不考虑多智能体系统的分布式特征,性能调节指标的系数可以与一致性控制协议的系数不同。例如

$$J_{\mathrm{C}x} = \sum_{i=1}^{N}\int_0^{\infty}\sum_{j=1}^{N}\left\{\gamma\mu_{ij}\left[x_j(t) - x_i(t)\right]^2\right\}\mathrm{d}t \tag{3.47}$$

其中,μ_{ij} 是性能调节指标 $J_{\mathrm{C}x}$ 的系数。在这种情况下,由式(3.47)不能得到式(3.22),从而需要一种新的分析方法对保成本一致性控制问题进行分析。

3.2.3　数值仿真与分析

考虑一个由 6 个一阶智能体组成的多智能体系统,智能体的编号为 1～6。每个智能体的动力学特性描述为 $\dot{x}_i(t) = u_i(t)(i \in \{1,2,\cdots,6\})$ 。该多智能体系统在 $t=0$ 时刻的状态为 $\boldsymbol{x}(0) = [6 \quad -56 \quad 28 \quad 15 \quad 39 \quad -4]^{\mathrm{T}}$ 。在性能指标函数中,任意选择比例系数 $\eta = 1$,$\gamma = 1.5$ 。图 3.1 给出了连通切换拓扑集合 $\Gamma = \{G_1, G_2, G_3, G_4\}$,其中包括 4 个可能的连通无向图,设所有的边权重为 1。从而,拓扑集合 Γ 中的最大特征值 $\tilde{\lambda}_N = 4.732\,1$。令拓扑集合 Γ 中的各作用拓扑切换驻留时间为 $T_{\mathrm{d}} = 0.5$ s 。

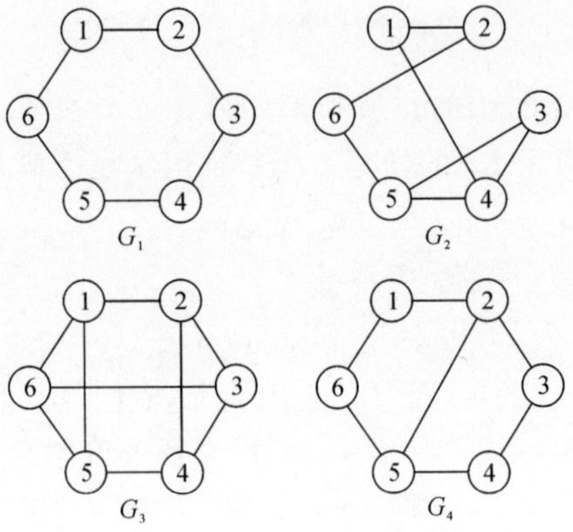

图 3.1　连通切换拓扑集合

例 3.1(可行性):从定理 3.1 可知,各参数满足 $\upsilon = 4.1446$,$k = 0.7299$ 能够使多智能体系统获得保成本一致。在这种情况下,一致值为 $\alpha = 4.6667$,保成本上界满足 $J_C^* = 23157.0159$ 。在仿真过程中,仿真时长 $T = 8$ s 。图 3.2 显示了如下切换信号:

$$G_{\sigma(t)}^{S1}: G_3 \to G_4 \to G_2 \to G_1 \to G_4 \to G_2 \to G_3 \to G_4 \to$$
$$G_2 \to G_1 \to G_1 \to G_4 \to G_1 \to G_3 \to G_2 \to G_4$$

图 3.3 给出了该多智能体系统的状态变化情况,控制输入的变化被描述在图 3.4 中。从图 3.3 中可以看出,在切换拓扑条件下各智能体的状态都渐近地收敛于一致值 α,也就是说各智能体之间的状态差量随时间 $t \to \infty$ 而渐近地趋于 0。从图 3.4 中可以看出,控制输入量与各智能体之间的状态差一样,随时间 $t \to \infty$ 而渐近地趋于 0。

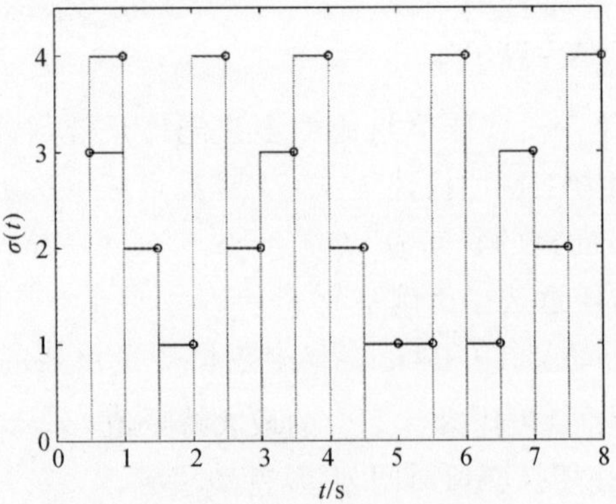

图 3.2　连通切换拓扑条件下切换信号 S1

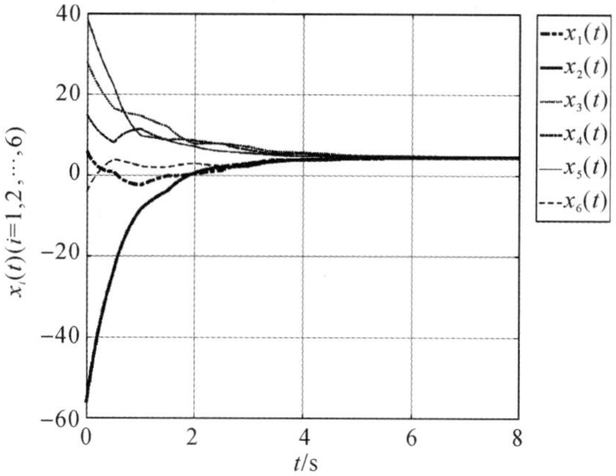

图 3.3　各智能体的状态变量曲线

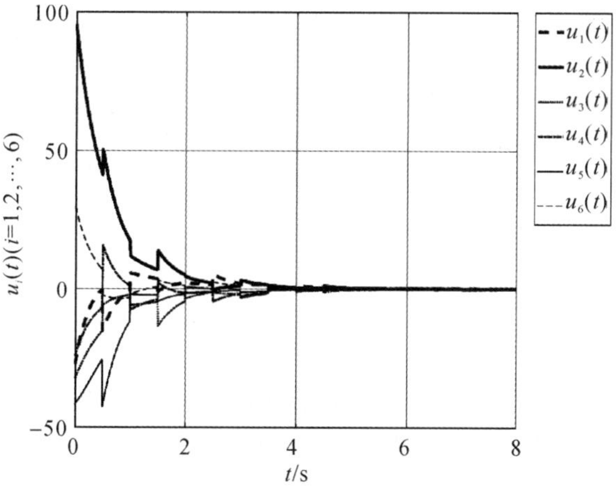

图 3.4　各智能体的控制输入量

图 3.5 给出了实时性能指标 J_T 随时间的变化趋势，从中可以看出保成本上界 J_C^* 与 J_T 满足 $J_T < J_C^*$ 。可见，该多智能体系统获得了保成本一致。

例 3.2(不同控制增益情况下性能指标的保守性)：从定理 3.1 可知，当 $\upsilon = 4.1446$ 时，满足 $0.5110 < k < 1.2407$ 的控制增益 k 能够使多智能体系统获得保成本一致。切换信号为 S1 时，在 $0.5110 < k < 1.2407$ 内选择 6 个不同的 k 进行验证。通过仿真，对于不同的控制增益 k 多智能体都能获得保成本一致。在这种情况下，保成本上界满足 $J_C^* = 23157.0159$ 。表 3.1 给出了不同的 k 的情况下在时间段 $t \in [0,8\ \text{s}]$ 内的实时性能指标 J_T 和各性能指

标的保守性指标 ΔJ 。可见，不同的 k 会带来不同程度的保守性。

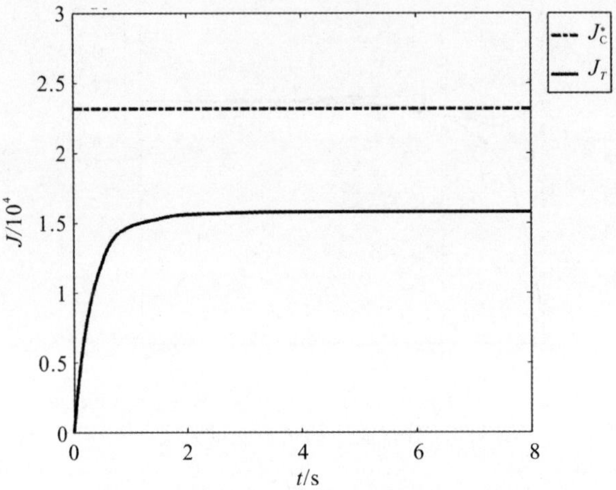

图 3.5　连通切换拓扑条件下性能指标函数与保成本上界的关系图

表 3.1　不同控制增益情况下的保守性指标

k	0.6299	0.7299	0.8299	0.9299	1.0299	1.1299
J_T	17035.2306	15776.4103	14949.2847	14414.2632	14086.2394	13910.3454
ΔJ	6121.7853	7380.6056	8207.7312	8742.7527	9070.7765	9246.6705

例 3.3(不同切换信号情况下性能指标的保守性)：由于定理 3.1 中对切换信号并没有要求，对于任何切换信号，当 $\upsilon = 4.1446$ 时和 $k = 0.7299$ 时多智能体系统能够获得保成本一致。在这种情况下，保成本上界为 $J_C^* = 23157.0159$ 。S1 到 S6 为被选择的 6 组不同的切换信号。除例 3.1 中的切换信号 S1，其余切换信号 S2～S6 分别为

$$G_{\sigma(t)}^{S2}: G_3 \to G_2 \to G_1 \to G_4 \to G_2 \to G_1 \to G_4 \to G_1 \to$$
$$G_3 \to G_2 \to G_4 \to G_4 \to G_3 \to G_2 \to G_1 \to G_1$$
$$G_{\sigma(t)}^{S3}: G_4 \to G_4 \to G_2 \to G_3 \to G_1 \to G_1 \to G_3 \to G_2 \to$$
$$G_1 \to G_3 \to G_2 \to G_4 \to G_2 \to G_3 \to G_2 \to G_4$$
$$G_{\sigma(t)}^{S4}: G_1 \to G_3 \to G_2 \to G_4 \to G_3 \to G_1 \to G_4 \to G_1 \to$$
$$G_3 \to G_3 \to G_1 \to G_1 \to G_4 \to G_2 \to G_3 \to G_1$$
$$G_{\sigma(t)}^{S5}: G_1 \to G_2 \to G_3 \to G_3 \to G_2 \to G_4 \to G_4 \to G_3 \to$$

$$
\begin{aligned}
&G_1 \to G_2 \to G_2 \to G_3 \to G_4 \to G_4 \to G_1 \to G_2 \\
G_{\sigma(t)}^{S6}:&G_2 \to G_1 \to G_2 \to G_3 \to G_4 \to G_1 \to G_1 \to G_2 \to \\
&G_3 \to G_2 \to G_4 \to G_1 \to G_4 \to G_3 \to G_3 \to G_4
\end{aligned}
$$

选择仿真时长 $T = 8\ \mathrm{s}$，则表 3.2 给出了 6 组切换信号情况下各性能指标的保守性 ΔJ，J_T 为 $t \in [0, 8\ \mathrm{s}]$ 内的实时性能指标。可见，当 υ 和 k 给定的情况下，对于不同的切换信号，性能指标的保守性指标 ΔJ 略有不同。

表 3.2　不同切换信号情况下的保守性指标

S	S1	S2	S3	S4	S5	S6
J_T	15 776.410 3	15 523.702 3	16 552.475 2	16 536.019 3	16 418.117 3	15 311.313 6
ΔJ	7 380.605 6	7 633.313 6	6 604.540 7	6 620.996 6	6 738.898 6	7 845.702 3

3.3　联合连通切换拓扑条件下高阶保成本一致性控制

3.2 节介绍了连通切换拓扑条件下一阶多智能体系统的保成本一致性控制问题，其中切换拓扑集合内各个作用拓扑均连通。然而，在实际工程或军事应用中，很多情况下由于各种干扰因素导致各个作用拓扑不一定连通，文献[56]和[57]等研究了在此情况下多智能体系统的一致性控制问题，这些研究结论表明切换拓扑集合内各作用拓扑的联合拓扑在有限时间段内连通即可获得一致。

本节将保成本控制思想引入联合连通切换拓扑条件下的一致性控制问题，介绍联合连通切换拓扑条件下高阶多智能体系统保成本一致性控制分析和设计。首先，利用状态空间分解法，将多智能体系统的一致性控制问题转化为稳定性问题。然后，利用李亚普诺夫函数法，分别给出多智能体系统获得一致和可获得一致的判据。同时，确定当多智能体系统在联合连通切换拓扑条件下能够获得保成本一致时的保成本上界，并给出一致函数的显式表达式。最后，通过数值仿真验证理论结果的有效性。

3.3.1　问题描述

考虑一个由 N 个同构智能体组成的多智能体系统，智能体被编号为 $1 \sim N$，编号集合为 $\mathcal{I}_N = \{1, 2, \cdots, N\}$。各智能体可被描述为如下一般形式的高阶状态空间模型

$$\dot{\boldsymbol{x}}_i(t) = \boldsymbol{A}\boldsymbol{x}_i(t) + \boldsymbol{B}\boldsymbol{u}_i(t) \tag{3.48}$$

其中 $i \in \mathcal{I}_N$;$\boldsymbol{A} \in \mathbf{R}^{d\times d}$;$\boldsymbol{B} \in \mathbf{R}^{d\times q}$;$\boldsymbol{x}_i(t) \in \mathbf{R}^d$ 表示智能体 i 的状态变量;$\boldsymbol{u}_i(t) \in \mathbf{R}^q$ 是智能体 i 的一致性控制协议,即控制输入。令多智能体系统的全局状态变量 $\boldsymbol{x}(t) \in \mathbf{R}^{Nd}$ 和控制输入 $\boldsymbol{u}(t) \in \mathbf{R}^{Nq}$ 分别为

$$\boldsymbol{x}(t) = [\boldsymbol{x}_1^{\mathrm{T}}(t) \quad \boldsymbol{x}_2^{\mathrm{T}}(t) \quad \cdots \quad \boldsymbol{x}_N^{\mathrm{T}}(t)]^{\mathrm{T}}$$

$$\boldsymbol{u}(t) = [\boldsymbol{u}_1^{\mathrm{T}}(t) \quad \boldsymbol{u}_2^{\mathrm{T}}(t) \quad \cdots \quad \boldsymbol{u}_N^{\mathrm{T}}(t)]^{\mathrm{T}}$$

则从全局角度看多智能体系统可被描述为

$$\dot{\boldsymbol{x}}(t) = (\boldsymbol{I}_N \otimes \boldsymbol{A})\boldsymbol{x}(t) + (\boldsymbol{I}_N \otimes \boldsymbol{B})\boldsymbol{u}(t) \tag{3.49}$$

考虑如下一致性控制协议:

$$\boldsymbol{u}_i(t) = \boldsymbol{K} \sum_{j \in \mathcal{N}_i(t)} w_{ij}(t)[\boldsymbol{x}_j(t) - \boldsymbol{x}_i(t)] \tag{3.50}$$

其中,$i,j \in \mathcal{I}_N$;$\boldsymbol{K} \in \mathbf{R}^{q\times d}$ 表示增益矩阵;$\mathcal{N}_i(t)$ 表示智能体 i 的邻居集;$w_{ij}(t)$ 是智能体 j 对智能体 i 的作用权重。本节考虑的作用拓扑可描述为无向切换拓扑,所有可能的作用拓扑组成集合 $\Gamma = \{G_1, G_2, \cdots, G_M\}$,与之相对应的编号集合为 $\mathcal{I}_M = \{1, 2, \cdots, M\}$。$\sigma(t)$:$[0,\infty) \to \mathcal{I}_M$ 表示切换信号,其在 t 时刻的值对应于 t 时刻作用拓扑在编号集合内的值。也就是说,多智能体系统在 t 时刻的作用拓扑可描述为 $G_{\sigma(t)}$,其是集合 Γ 中的第 $\sigma(t) = m$ ($m \in \mathcal{I}_M$) 个拓扑图。与 $G_{\sigma(t)}$ 相对应,作用拓扑的拉普拉斯矩阵为 $\boldsymbol{L}_{\sigma(t)}$。从多智能体系统的全局来看,一致性控制协议可写为

$$\boldsymbol{u}(t) = -(\boldsymbol{L}_{\sigma(t)} \otimes \boldsymbol{K})\boldsymbol{x}(t) \tag{3.51}$$

从而,多智能体系统式(3.49)在一致性控制协议式(3.51)的作用下可被描述为

$$\dot{\boldsymbol{x}}(t) = [(\boldsymbol{I}_N \otimes \boldsymbol{A}) - (\boldsymbol{L}_{\sigma(t)} \otimes \boldsymbol{B}\boldsymbol{K})]\boldsymbol{x}(t) \tag{3.52}$$

令 $\boldsymbol{\delta}_{ij}(t) = \boldsymbol{x}_j(t) - \boldsymbol{x}_i(t)$($i,j \in \mathcal{I}_N$)表示智能体 j 与智能体 i 之间的状态差信息,则在任意给定了对称正定矩阵 $\boldsymbol{Q}_x \in \mathbf{R}^{d\times d}$ 和 $\boldsymbol{Q}_u \in \mathbf{R}^{q\times q}$ 的情况下,多智能体系统式(3.52)的性能指标函数可以定义为

$$J_{\mathrm{C}} = J_{\mathrm{C}x} + J_{\mathrm{C}u} \tag{3.53}$$

其中

$$J_{\mathrm{C}x} = \int_0^\infty \left\{ \sum_{i=1}^N \sum_{j=1}^N w_{ij}(t)[\boldsymbol{\delta}_{ij}^{\mathrm{T}}(t)\boldsymbol{Q}_x\boldsymbol{\delta}_{ij}(t)] \right\} \mathrm{d}t$$

$$J_{\mathrm{C}u} = \int_0^\infty \sum_{i=1}^N \boldsymbol{u}_i^{\mathrm{T}}(t)\boldsymbol{Q}_u\boldsymbol{u}_i(t)\,\mathrm{d}t$$

从多智能体系统的全局来看,性能指标函数式(3.53)可写为

$$J_{\mathrm{C}}=\int_0^{\infty}\boldsymbol{x}^{\mathrm{T}}(t)(2\boldsymbol{L}_{\sigma(t)}\otimes\boldsymbol{Q}_x+\boldsymbol{L}_{\sigma(t)}^2\otimes\boldsymbol{K}^{\mathrm{T}}\boldsymbol{Q}_u\boldsymbol{K})\boldsymbol{x}(t)\mathrm{d}t \tag{3.54}$$

在考虑性能指标函数的情况下，下面分别给出多智能体系统获得保成本一致和可获得保成本一致的定义。

定义 3.3：对于一个增益矩阵 $\boldsymbol{K}$ 和任意给定的对称正定矩阵 $\boldsymbol{Q}_x$ 和 $\boldsymbol{Q}_u$，如果存在一个与有界初始状态 $\boldsymbol{x}(0)$ 相关的向量函数 $\boldsymbol{c}(t)\in\mathbf{R}^d$ 使得 $\lim\limits_{t\to\infty}(\boldsymbol{x}(t)-\mathbf{1}_N\otimes\boldsymbol{c}(t))=\mathbf{0}$ 且存在一个正数 J_{C}^* 使得 $J_{\mathrm{C}}\leqslant J_{\mathrm{C}}^*$，那么称受性能指标函数式(3.53)约束的多智能体系统式(3.49)在一致性控制协议式(3.51)作用下获得了保成本一致，并称 $\boldsymbol{c}(t)$ 为多智能体系统式(3.49)在一致性控制协议式(3.51)作用下的一致函数，称 J_{C}^* 为性能指标函数式(3.53)的一个保成本上界。

定义 3.4：对于任意给定的对称正定矩阵 $\boldsymbol{Q}_x$ 和 $\boldsymbol{Q}_u$，如果存在增益矩阵 $\boldsymbol{K}$ 使得多智能体系统式(3.52)能够获得保成本一致，那么称受性能指标函数式(3.53)约束的多智能体系统式(3.49)在一致性控制协议式(3.51)作用下可获得保成本一致。

注释 3.9：在多智能体系统式(3.52)中，智能体的系统矩阵 $\boldsymbol{A}$ 描述了每个智能体固有的动力学特性，增益矩阵 $\boldsymbol{K}$ 描述了各智能体在执行控制输入时的作用增益。正是 $\boldsymbol{K}$ 的存在，可以使所有智能体的状态可能趋于一致且使得 J_{C}^* 尽可能地小。

注释 3.10：从数学角度来看，性能指标函数式(3.53)是以函数 $\boldsymbol{\delta}_{ij}(t)$ 和 $\boldsymbol{u}_i(t)$ 为宗量的一个标量泛函。对于不同的控制输入 $\boldsymbol{u}_i(t)$，性能指标函数取不同的标量值。从物理角度来看，性能指标函数式(3.53)中的 $J_{\mathrm{C}x}$ 表示一致调节性能，即为智能体之间状态差的"运动能量"，$J_{\mathrm{C}u}$ 代表在控制过程中所消耗的能量，即为高阶多智能体系统的"控制能量"。可见性能指标函数式(3.53)属于能量类型的性能指标。

综上所述，可以总结得到本节主要讨论以下四个问题：

(1)在什么条件下多智能体系统式(3.52)获得保成本一致？

(2)如何为性能指标函数式(3.53)确定一个保成本上界 J_{C}^*？

(3)如何确定一致函数 $\boldsymbol{c}(t)$ 的显示表达式？

(4)如何确定增益矩阵 $\boldsymbol{K}$ 使得多智能体系统式(3.52)获得保成本一致？

3.3.2　联合连通切换拓扑的基本特性

在讨论联合连通情况下的一致性控制问题时，需要将时间域内的 $t\in[t_0,\infty)$ 考虑成一组无限的、非空的和连续的时间间隔序列 $[t_n,t_{n+1})$，$n=0$，

$1,2,\cdots$,其中初始时刻 $t_0=0$,且 $0<t_{n+1}-t_n\leqslant T_0(n\geqslant 0)$,$T_0>0$ 为常数。假设每个间隔 $[t_n,t_{n+1})$ 由一组相互不重叠的时间子间隔序列组成,即

$$[t_{n_0},t_{n_1}),\cdots,[t_{n_j},t_{n_{j+1}}),\cdots,[t_{n_{l_n-1}},t_{n_{l_n}}),t_n=t_{n_0},t_{n+1}=t_{n_{l_n}} \tag{3.55}$$

时间子间隔序列满足 $t_{n_{j+1}}-t_{n_j}\geqslant T_{\mathrm{d}}$,$0\leqslant j<l_n$,$T_{\mathrm{d}}>0$ 为常数驻留时间,$l_n>0$ 是一个整数。示意图 3.6 中表示了时间间隔序列 $[t_n,t_{n+1})$ $(n=0,1,2,\cdots)$ 与其对应的时间子间隔序列 $[t_{n_j},t_{n_{j+1}})$ $(j=0,1,2,\cdots,l_n-1)$ 之间的关系。需要说明的是,时间子间隔序列中的各个时间子间隔可以不相等,即不同时间间隔的 T_0 可以不相等。同样的,时间间隔序列中的各个时间间隔也可以不相等,即不同时间子间隔的 T_{d} 也可以不相等。可见,在每个时间间隔 $[t_n,t_{n+1})$ 内至少有 $\underline{l}=\lfloor T_0/T_{\mathrm{d}}\rfloor$ 个时间子间隔,即 $\underline{l}\leqslant l_n(n=0,1,2,\cdots)$ 始终成立,其中 $\lfloor T_0/T_{\mathrm{d}}\rfloor$ 表示对 T_0/T_{d} 向下取整。

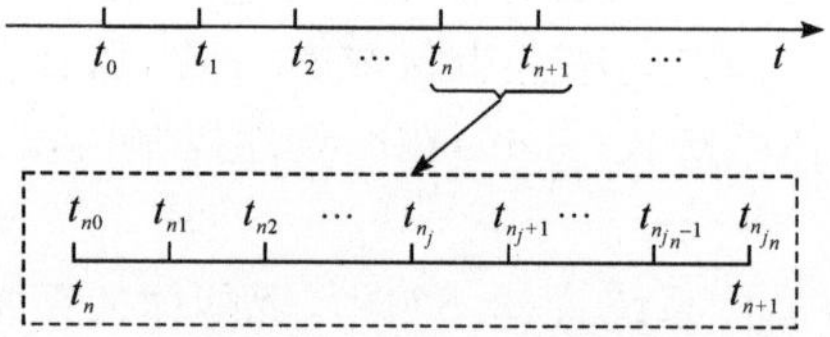

图 3.6　时间间隔序列和子间隔序列之间的关系示意图

记时间间隔 $[t_n,t_{n+1})$ $(n=0,1,2,\cdots)$ 内的联合作用拓扑为 $G_n=G_{\sigma(t)}|_{t\in[t_{n_j},t_{n_{j+1}})}$,与之相对应的拉普拉斯矩阵为 $\boldsymbol{L}_n$。又记时间子间隔 $[t_{n_j},t_{n_{j+1}})(j=0,1,2,\cdots,l_n-1)$ 内的作用拓扑为 $G_{n_j}=G_{\sigma(t)}|_{t\in[t_{n_j},t_{n_{j+1}})}$,与之相对应的拉普拉斯矩阵为 $\boldsymbol{L}_{n_j}$。其中,时间间隔 $[t_n,t_{n+1})$ 内联合作用拓扑 G_n 的节点集合 V 是所有 $G_{n_j}(j=0,1,2,\cdots,l_n-1)$ 的节点集合的并集,边集合 ε 是所有 $G_{n_j}(j=0,1,2,\cdots,l_n-1)$ 的边集合的并集。从而,对于作用拓扑和相应拉普拉斯矩阵可以记

$$G_n\overset{\mathrm{def}}{=}\bigcup_{[t_n,t_{n+1})}G_{\sigma(t)}=\bigcup_{j=0,1,2,\cdots,l_n-1}G_{n_j} \tag{3.56}$$

$$\boldsymbol{L}_n\overset{\mathrm{def}}{=}\bigcup_{[t_n,t_{n+1})}\boldsymbol{L}_{\sigma(t)}=\bigcup_{j=0,1,2,\cdots,l_n-1}\boldsymbol{L}_{n_j} \tag{3.57}$$

下面给出有限时间段内联合连通切换拓扑的定义。

定义 3.5:若切换拓扑在每个有限时间段 $[t_n,t_{n+1})$ $(n=0,1,2,\cdots)$ 内的联合作用拓扑 G_n 是连通的,那么称切换拓扑是联合连通的。

值得注意的是,时间间隔序列条件下联合连通切换拓扑有以下基本特性:

(1)在每一个时间子间隔 $[t_{n_j},t_{n_{j+1}})(n=0,1,2,\cdots;j=0,1,2,\cdots,l_n-1)$ 内作用拓扑 G_{n_j} 是不变的,也就是指 $G_{\sigma(t)}$ 在 $t\in[t_0,\infty)$ 内是分段固定的,则相

应的拉普拉斯矩阵 $\boldsymbol{L}_{\sigma(t)}$ 在 $[t_{n_j}, t_{n_{j+1}})(n=0,1,2,\cdots;j=0,1,2,\cdots,l_n-1)$ 内是一个常矩阵;

(2)在每一个时间子间隔 $[t_{n_j}, t_{n_{j+1}})(n=0,1,2,\cdots;j=0,1,2,\cdots,l_n-1)$ 内,作用拓扑 G_{n_j} 可能连通,也可能不连通;

(3)在每一个时间间隔 $[t_n, t_{n+1})(n=0,1,2,\cdots)$ 内,所有的 l_n 个作用拓扑 $G_{\sigma(t)}$ 组成的联合作用拓扑 G_n 是连通的,即联合连通。

关于联合连通的切换拓扑,由文献[194]中的引理5可以得到以下引理。

引理3.1:切换拓扑在有限时间间隔 $[t_n, t_{n+1})(n=0,1,2,\cdots)$ 内联合连通,当且仅当 $r_n=\text{rank}(\boldsymbol{L}_n)=N-1$,其中 rank(·)表示矩阵的秩。

证明:从文献[194]中的引理5可得,对于有 N 个节点的作用拓扑,切换拓扑在有限时间间隔 $[t_n, t_{n+1})(n=0,1,2,\cdots)$ 内联合连通的充分必要条件是,对于所有时间子间隔 $[t_{n_j}, t_{n_{j+1}})(n=0,1,2,\cdots;j=0,1,2,\cdots,l_n-1)$ 内作用拓扑的联合作用拓扑,其拉普拉斯矩阵有 $N-1$ 个非零特征值。可见,联合作用拓扑为 G_n 的拉普拉斯矩阵 $\boldsymbol{L}_n$ 有 $N-1$ 个非零特征值,即 $\boldsymbol{L}_n$ 的秩为 $N-1$。

注释3.11:联合连通的切换拓扑与4.2节中的连通切换拓扑的不同之处:联合连通的切换拓扑集合 Γ 中各作用拓扑可能连通也可能不连通,只要求所有可能作用拓扑的并集连通,而3.2节中连通切换拓扑集合 Γ 中的所有作用拓扑都是连通的。

3.3.3 保成本一致性控制分析与设计

由拉普拉斯矩阵的结构特性可知,存在一个正交矩阵

$$\boldsymbol{U}_0=\begin{bmatrix}\dfrac{1}{\sqrt{N}} & \dfrac{\boldsymbol{1}_{N-1}^{\mathrm{T}}}{\sqrt{N}}\\ \dfrac{\boldsymbol{1}_{N-1}}{\sqrt{N}} & \bar{\boldsymbol{U}}_0\end{bmatrix}\tag{3.58}$$

可使 $\boldsymbol{L}_m(m\in\mathcal{I}_M)$ 满足

$$\boldsymbol{U}_0^{\mathrm{T}}\boldsymbol{L}_m\boldsymbol{U}_0=\text{diag}\{0,\bar{\boldsymbol{L}}_m\}\tag{3.59}$$

其中,$\bar{\boldsymbol{L}}_m\in\mathbf{R}^{(N-1)\times(N-1)}$ 是对称的。由于 G_m 可能不连通,则与之对应的拉普拉斯矩阵 $\boldsymbol{L}_m$ 的秩满足

$$r_m=\text{rank}(\boldsymbol{L}_m)=\text{rank}(\bar{\boldsymbol{L}}_m)\leqslant N-1$$

从而,可以得到

$$\boldsymbol{U}_0^{\mathrm{T}}\boldsymbol{L}_{\sigma(t)}\boldsymbol{U}_0 = \mathrm{diag}\{0,\bar{\boldsymbol{L}}_{\sigma(t)}\} \tag{3.60}$$

$\bar{\boldsymbol{L}}_{\sigma(t)} \in \mathbf{R}^{(N-1)\times(N-1)}$ 且 $r_{\sigma(t)} = \mathrm{rank}(\boldsymbol{L}_{\sigma(t)}) = \mathrm{rank}(\bar{\boldsymbol{L}}_{\sigma(t)}) \leqslant N-1$ 。

对于多智能体系统式(3.52)的状态 $\boldsymbol{x}(t)$,令

$$\boldsymbol{\kappa}(t) = (\boldsymbol{U}_0^{\mathrm{T}} \otimes \boldsymbol{I}_d)\boldsymbol{x}(t) = [\boldsymbol{\kappa}_{\mathrm{c}}^{\mathrm{T}}(t) \quad \boldsymbol{\kappa}_{\mathrm{r}}^{\mathrm{T}}(t)]^{\mathrm{T}} \tag{3.61}$$

其中,$\boldsymbol{\kappa}_{\mathrm{c}}(t) \in \mathbf{R}^d$ 和 $\boldsymbol{\kappa}_{\mathrm{r}}(t) = [\boldsymbol{\kappa}_1^{\mathrm{T}}(t) \quad \boldsymbol{\kappa}_2^{\mathrm{T}}(t) \quad \cdots \quad \boldsymbol{\kappa}_{N-1}^{\mathrm{T}}(t)]^{\mathrm{T}} \in \mathbf{R}^{(N-1)d}$。从而,多智能体系统式(3.52) 可以被分解为

$$\dot{\boldsymbol{\kappa}}_{\mathrm{c}}(t) = \boldsymbol{A}\boldsymbol{\kappa}_{\mathrm{c}}(t) \tag{3.62}$$

$$\dot{\boldsymbol{\kappa}}_{\mathrm{r}}(t) = (\boldsymbol{I}_{N-1} \otimes \boldsymbol{A} - \bar{\boldsymbol{L}}_{\sigma(t)} \otimes \boldsymbol{BK})\boldsymbol{\kappa}_{\mathrm{r}}(t) \tag{3.63}$$

另外,记 $0 < \lambda_m^{(1)} \leqslant \lambda_m^{(2)} \leqslant \cdots \leqslant \lambda_m^{(r_m)}$ 为拉普拉斯矩阵 $\boldsymbol{L}_m$ 的 r_m 个非零特征值,则可以用 $0 < \lambda_{\sigma(t)}^{(1)} \leqslant \lambda_{\sigma(t)}^{(2)} \leqslant \cdots \leqslant \lambda_{\sigma(t)}^{(r_{\sigma(t)})}$ 表示 $\boldsymbol{L}_{\sigma(t)}$ 的 $r_{\sigma(t)}$ 个非零特征值。同时,从式(3.59)可以看出,$\bar{\boldsymbol{L}}_m$ 与 $\boldsymbol{L}_m$ 的非零特征值相同,$\bar{\boldsymbol{L}}_{\sigma(t)}$ 与 $\boldsymbol{L}_{\sigma(t)}$ 的非零特征值相同。记拓扑集合 Γ 中所有作用拓扑的拉普拉斯矩阵的特征值中最小非零特征值为 $\tilde{\lambda}_2$,则该最小非零特征值满足 $\tilde{\lambda}_2 = \min\{\lambda_m^{(1)}, \forall m \in \mathcal{I}_M\}$ 。记拓扑集合 Γ 中所有可能作用拓扑的拉普拉斯矩阵的特征值中最大的特征值为 $\tilde{\lambda}_N$,则该最大特征值满足 $\tilde{\lambda}_N = \max\{\lambda_m^{(r_m)}, \forall m \in \mathcal{I}_M\}$ 。

在获得主要结论之前,下面的引理需要被引入。

引理 3.2[56]:给定时间序列 $[t_n, t_{n+1})(n = 0,1,2,\cdots)$,其中 $t_0 = 0, t_{n+1} - t_n \geqslant T_{\mathrm{d}} > 0$ 。假设标量函数 $\varphi(t), t \in [0,\infty)$ 满足以下特性:

(1) $\varphi(t)$ 有下边界;

(2) $\dot{\varphi}(t)$ 在各个时间间隔 $[t_n, t_{n+1})$ 内是非正的且可微的;

(3) $\ddot{\varphi}(t)$ 在 $t \in [0,\infty)$ 上是有界的,在这种情况下存在一个正常数 h 使得

$$\sup_{t_n \leqslant t < t_{n+1}, n=0,1,2,\cdots} |\ddot{\varphi}(t)| \leqslant h$$

从而

$$\lim_{t\to\infty}\dot{\varphi}(t) = 0$$

下面的定理给出了一个多智能体系统在联合连通切换拓扑条件下获得保成本一致的充分条件。

定理 3.3:假设切换拓扑在有限时间间隔 $[t_n, t_{n+1})(n = 0,1,2,\cdots)$ 内联合连通。如果存在一个 $d \times d$ 维实矩阵 $\boldsymbol{P} = \boldsymbol{P}^{\mathrm{T}} > \boldsymbol{0}$ 使得矩阵不等式 $\boldsymbol{PA} + \boldsymbol{A}^{\mathrm{T}}\boldsymbol{P} \leqslant \boldsymbol{0}$ 和 $\boldsymbol{\Xi}_i < \boldsymbol{0}(i = 2, N)$ 同时可行,其中

$$\boldsymbol{\Xi}_i = \begin{bmatrix} \boldsymbol{\Xi}_{i11} & 2\tilde{\lambda}_i \boldsymbol{Q}_x & \tilde{\lambda}_i \boldsymbol{K}^{\mathrm{T}} \boldsymbol{Q}_u \\ * & -2\tilde{\lambda}_i \boldsymbol{Q}_x & \boldsymbol{0} \\ * & * & -\boldsymbol{Q}_u \end{bmatrix}$$

且 $\boldsymbol{\Xi}_{i11} = \boldsymbol{PA} + \boldsymbol{A}^{\mathrm{T}}\boldsymbol{P} - \tilde{\lambda}_i(\boldsymbol{PBK} + \boldsymbol{K}^{\mathrm{T}}\boldsymbol{B}^{\mathrm{T}}\boldsymbol{P})$，那么多智能体系统式(3.49)在一致性控制协议式(3.51)作用下能够获得保成本一致。

证明:首先，令

$$\boldsymbol{x}_{\mathrm{c}}(t) = (\boldsymbol{U}_0 \otimes \boldsymbol{I}_d)[\boldsymbol{\kappa}_{\mathrm{c}}^{\mathrm{T}}(t) \quad \boldsymbol{0}]^{\mathrm{T}} \tag{3.64}$$

$$\boldsymbol{x}_{\mathrm{r}}(t) = (\boldsymbol{U}_0 \otimes \boldsymbol{I}_d)[\boldsymbol{0} \quad \boldsymbol{\kappa}_{\mathrm{r}}^{\mathrm{T}}(t)]^{\mathrm{T}} \tag{3.65}$$

其中，式(3.64)中的 $\boldsymbol{0} \in \mathbf{R}^{1\times(N-1)d}$，式(3.65)中的 $\boldsymbol{0} \in \mathbf{R}^{1\times d}$ 。由于 $\boldsymbol{U}_0$ 是正交矩阵，则 $\boldsymbol{x}_{\mathrm{c}}(t)$ 与 $\boldsymbol{x}_{\mathrm{r}}(t)$ 是线性独立的。从而，由式(3.61)可得

$$\boldsymbol{x}(t) = \boldsymbol{x}_{\mathrm{c}}(t) + \boldsymbol{x}_{\mathrm{r}}(t) \tag{3.66}$$

考虑到 $\boldsymbol{U}_0$ 的第一列为 $\boldsymbol{1}_N/\sqrt{N}$，故可由式(3.64)可得

$$\boldsymbol{x}_{\mathrm{c}}(t) = \frac{\boldsymbol{1}_N}{\sqrt{N}} \otimes \boldsymbol{\kappa}_{\mathrm{c}}(t) \tag{3.67}$$

因而，当且仅当系统式(3.63)是渐近稳定时，多智能体系统式(3.52)获得一致，即

$$\lim_{t\to\infty} \boldsymbol{\kappa}_{\mathrm{r}}(t) = \boldsymbol{0} \tag{3.68}$$

下面，证明系统式(3.63)渐近稳定。考虑如下李雅普诺夫函数:

$$V(\boldsymbol{\kappa}_{\mathrm{r}}(t)) = V(t) = \boldsymbol{\kappa}_{\mathrm{r}}^{\mathrm{T}}(t)(\boldsymbol{I}_{N-1} \otimes \boldsymbol{P})\boldsymbol{\kappa}_{\mathrm{r}}(t) \tag{3.69}$$

从而，沿着式(3.63)的状态轨迹在每个时间子间隔 $[t_{n_j}, t_{n_{j+1}})(n = 0,1,2,\cdots; j = 0,1,2,\cdots, l_n - 1)$ 内对时间 t 求导可得

$$\dot{V}(t)\big|_{(3.63)} = \boldsymbol{\kappa}_{\mathrm{r}}^{\mathrm{T}}(t)(\boldsymbol{I}_{N-1} \otimes (\boldsymbol{PA} + \boldsymbol{A}^{\mathrm{T}}\boldsymbol{P}) - \bar{\boldsymbol{L}}_{\sigma(t)} \otimes (\boldsymbol{PBK} + \boldsymbol{K}^{\mathrm{T}}\boldsymbol{B}^{\mathrm{T}}\boldsymbol{P}))\boldsymbol{\kappa}_{\mathrm{r}}(t) \tag{3.70}$$

考虑到 $\boldsymbol{L}_{\sigma(t)}$ 在各个时间子间隔 $[t_{n_j}, t_{n_{j+1}})(n = 0,1,2,\cdots, j = 0,1,2,\cdots, l_n - 1)$ 内是时不变的，则 $\bar{\boldsymbol{L}}_{\sigma(t)}$ 在 $[t_{n_j}, t_{n_{j+1}})$ 内也是时不变的。从而，存在一个正交矩阵 $\bar{\boldsymbol{U}}_{\sigma(t)} \in \mathbf{R}^{(N-1)\times(N-1)}$ 使得 $\bar{\boldsymbol{L}}_{\sigma(t)}$ 满足

$$\bar{\boldsymbol{U}}_{\sigma(t)}^{\mathrm{T}} \bar{\boldsymbol{L}}_{\sigma(t)} \bar{\boldsymbol{U}}_{\sigma(t)} = \mathrm{diag}\{0,\cdots,0,\lambda_{\sigma(t)}^{(1)},\lambda_{\sigma(t)}^{(2)},\cdots,\lambda_{\sigma(t)}^{(r_{\sigma(t)})}\} \tag{3.71}$$

式(3.71)右端的对角阵中共有 $N - r_{\sigma(t)} - 1$ 个 0。进而，可以令状态变量

$$\boldsymbol{\zeta}(t) = (\bar{\boldsymbol{U}}_{\sigma(t)}^{\mathrm{T}} \otimes \boldsymbol{I}_d)\boldsymbol{\kappa}_{\mathrm{r}}(t) = [\boldsymbol{\zeta}_1^{\mathrm{T}}(t) \quad \boldsymbol{\zeta}_2^{\mathrm{T}}(t) \quad \cdots \quad \boldsymbol{\zeta}_{N-1}^{\mathrm{T}}(t)]^{\mathrm{T}} \tag{3.72}$$

考虑状态空间转换式(3.72)，$\dot{V}(t)\big|_{(4.63)}$ 满足

$$\dot{V}(t)\big|_{(3.63)} = \sum_{i=1}^{N-1}\boldsymbol{\zeta}_i^{\mathrm{T}}(t)(\boldsymbol{PA}+\boldsymbol{A}^{\mathrm{T}}\boldsymbol{P})\zeta_i(t) - \sum_{i=1}^{r_{\sigma(t)}}\lambda_{\sigma(t)}^{(i)}\boldsymbol{\zeta}_i^{\mathrm{T}}(t)(\boldsymbol{PBK}+\boldsymbol{K}^{\mathrm{T}}\boldsymbol{B}^{\mathrm{T}}\boldsymbol{P})\zeta_i(t) \tag{3.73}$$

另外，定义

$$\mathfrak{J}(t) \overset{\text{def}}{=} \dot{V}(t)\big|_{(3.63)} + \bar{J}_{\mathrm{C}} \tag{3.74}$$

其中

$$\bar{J}_{\mathrm{C}} = \sum_{i=1}^{r_{\sigma(t)}}\boldsymbol{\zeta}_i^{\mathrm{T}}(t)(2\lambda_{\sigma(t)}^{(i)}\boldsymbol{Q}_x + (\lambda_{\sigma(t)}^{(i)})^2\boldsymbol{K}^{\mathrm{T}}\boldsymbol{Q}_u\boldsymbol{K})\boldsymbol{\zeta}_i(t)$$

可见 $\bar{J}_{\mathrm{C}} \geqslant 0$ 。从而

$$\mathfrak{J}(\mathrm{t}) = \sum_{\mathrm{i}=1}^{\mathrm{N}-1}\boldsymbol{\zeta}_i^{\mathrm{T}}(t)(\boldsymbol{PA}+\boldsymbol{A}^{\mathrm{T}}\boldsymbol{P})\boldsymbol{\zeta}_i(t) - \sum_{i=1}^{r_{\sigma(t)}}\boldsymbol{\zeta}_i^{\mathrm{T}}(t)(\lambda_{\sigma(t)}^{(i)}(\boldsymbol{PBK}+\boldsymbol{K}^{\mathrm{T}}\boldsymbol{B}^{\mathrm{T}}\boldsymbol{P}) - 2\lambda_{\sigma(t)}^{(i)}\boldsymbol{Q}_x - (\lambda_{\sigma(t)}^{(i)})^2\boldsymbol{K}^{\mathrm{T}}\boldsymbol{Q}_u\boldsymbol{K})\boldsymbol{\zeta}_i(t) \tag{3.75}$$

从式(3.75)可以看出，如果 $\boldsymbol{PA}+\boldsymbol{A}^{\mathrm{T}}\boldsymbol{P} \leqslant 0$ ，那么有

$$\mathfrak{J}(t) \leqslant -\sum_{i=1}^{r_{\sigma(t)}}\boldsymbol{\zeta}_i^{\mathrm{T}}(t)\boldsymbol{\Phi}_{\sigma(t)}^{(i)}\zeta_i(t) \tag{3.76}$$

其中

$$\boldsymbol{\Phi}_{\sigma(t)}^{(i)} = \lambda_{\sigma(t)}^{(i)}(\boldsymbol{PBK}+\boldsymbol{K}^{\mathrm{T}}\boldsymbol{B}^{\mathrm{T}}\boldsymbol{P}) - (\boldsymbol{PA}+\boldsymbol{A}^{\mathrm{T}}\boldsymbol{P}) - 2\lambda_{\sigma(t)}^{(i)}\boldsymbol{Q}_x - (\lambda_{\sigma(t)}^{(i)})^2\boldsymbol{K}^{\mathrm{T}}\boldsymbol{Q}_u\boldsymbol{K}$$

从式(3.76)可以看出，如果对角矩阵 $\boldsymbol{\Phi}_{\sigma(t)}^{(i)} > 0 (i = 1,2,\cdots,r_{\sigma(t)})$ ，那么存在一个正交矩阵 $\boldsymbol{Z}_{\sigma(t)}^{(i)}$ 使得下式成立：

$$\boldsymbol{\Phi}_{\sigma(t)}^{(i)} = (\boldsymbol{Z}_{\sigma(t)}^{(i)})^{\mathrm{T}}\boldsymbol{Z}_{\sigma(t)}^{(i)} (i = 1,2,\cdots,r_{\sigma(t)}) \tag{3.77}$$

可以令 $\tilde{\zeta}_i(t) = \boldsymbol{Z}_{\sigma(t)}^{(i)}\zeta_i(t)$ ，从而式(3.76)可转化为

$$\mathfrak{J}(t) \leqslant -\sum_{i=1}^{r_{\sigma(t)}}\tilde{\boldsymbol{\zeta}}_i^{\mathrm{T}}(t)\tilde{\boldsymbol{\zeta}}_i(t) \leqslant 0 \tag{3.78}$$

若切换拓扑在时间间隔 $[t_n, t_{n+1})(n = 0,1,2,\cdots)$ 内是联合连通的，那么由引理 3.1 可知 $\mathrm{rank}(\bar{\boldsymbol{L}}_n) = r_n = N-1(n = 0,1,2,\cdots)$ 。从而，对于每一个时间间隔 $[t_n, t_{n+1})(n = 0,1,2,\cdots)$ ，存在 $N-1$ 个正数 $0 < \alpha_{n,1} \leqslant \alpha_{n,2} \leqslant \cdots \leqslant \alpha_{n,N-1}$ 使得

$$\mathfrak{J}(t) \leqslant -\sum_{i=1}^{N-1}\alpha_{n,i}\tilde{\boldsymbol{\zeta}}_i^{\mathrm{T}}(t)\tilde{\boldsymbol{\zeta}}_i(t) \leqslant 0 \tag{3.79}$$

由式(3.74)可知，如果 $\Im(t)\leqslant 0$，那么 $\dot{V}(t)\mid_{(3.63)}=\Im(t)-\bar{J}_{\mathrm{C}}\leqslant 0$。因而，$V(t)\leqslant V(0)$。因此，在 $t\in[0,\infty)$ 内有 $\|\tilde{\boldsymbol{\zeta}}(t)\|\leqslant\|\tilde{\boldsymbol{\zeta}}(0)\|$。从而，$\boldsymbol{\zeta}(t)$ 和 $\dot{\boldsymbol{\zeta}}(t)$ 在 $t\in[0,\infty)$ 内是有界的，由式(3.63)和式(3.72)可知 $\boldsymbol{\kappa}_{\mathrm{r}}(t)$ 和 $\dot{\boldsymbol{\kappa}}_{\mathrm{r}}(t)$ 在 $t\in[0,\infty)$ 内是有界的。另外，从式(3.71)可以看出 $\ddot{V}(t)\mid_{(3.63)}$ 的有界性与 $\boldsymbol{\kappa}_{\mathrm{r}}(t)$ 和 $\dot{\boldsymbol{\kappa}}_{\mathrm{r}}(t)$ 有关。可见，$\ddot{V}(t)\mid_{(3.63)}$ 在 $t\in[0,\infty)$ 内是有界的。由引理3.2可得 $\lim\limits_{t\to\infty}\dot{V}(t)\mid_{(3.63)}=0$。考虑到 $\dot{V}(t)\mid_{(3.63)}\leqslant 0$，则有

$$\lim_{t\to\infty}\sum_{i=1}^{N-1}\alpha_{n,i}\tilde{\boldsymbol{\zeta}}_i^{\mathrm{T}}(t)\tilde{\boldsymbol{\zeta}}_i(t)=\mathbf{0}\tag{3.80}$$

由式(3.80)可得，对于 $i=1,2,\cdots,N-1$ 有 $\lim\limits_{t\to\infty}\tilde{\boldsymbol{\zeta}}_i(t)=\mathbf{0}$。从而，由式(3.63)和式(3.72)可知 $\lim\limits_{t\to\infty}\boldsymbol{\kappa}_i(t)=0(i=1,2,\cdots,N-1)$。因此，$\lim\limits_{t\to\infty}V(\boldsymbol{\kappa}_{\mathrm{r}}(t))=0$ 且系统式(3.63)渐近稳定。

利用式(3.61)和式(3.72)可将性能指标函数式(3.54)转化为

$$J_{\mathrm{C}}=\sum_{i=1}^{r_{\sigma(t)}}\int_0^{\infty}\boldsymbol{\zeta}_i^{\mathrm{T}}(t)(2\lambda_{\sigma(t)}^{(i)}\boldsymbol{Q}_x+(\lambda_{\sigma(t)}^{(i)})^2\boldsymbol{K}^{\mathrm{T}}\boldsymbol{Q}_u\boldsymbol{K})\boldsymbol{\zeta}_i(t)\mathrm{d}t\tag{3.81}$$

而在式(3.74)中有 $\int_0^{\infty}\bar{J}_{\mathrm{C}}\mathrm{d}t=J_{\mathrm{C}}$，从而可以由 $\Im(t)\leqslant 0$ 得到

$$\bar{J}_{\mathrm{C}}\leqslant-\dot{V}(t)\mid_{(3.63)}\tag{3.82}$$

式(3.82)根据比较原理和 $\lim\limits_{t\to\infty}V(\boldsymbol{\kappa}_{\mathrm{r}}(t))=0$ 可得 $J_{\mathrm{C}}\leqslant V(t)\mid_{t=0}=V(0)$。

由 Schur 补定理可知，如果 $\boldsymbol{\Xi}_i<\mathbf{0}(i=2,N)$ 可行，那么

$$\tilde{\lambda}_2(\boldsymbol{PBK}+\boldsymbol{K}^{\mathrm{T}}\boldsymbol{B}^{\mathrm{T}}\boldsymbol{P})-(\boldsymbol{PA}+\boldsymbol{A}^{\mathrm{T}}\boldsymbol{P})-2\tilde{\lambda}_2\boldsymbol{Q}_x-\tilde{\lambda}_2^2\boldsymbol{K}^{\mathrm{T}}\boldsymbol{Q}_u\boldsymbol{K}>0\tag{3.83}$$

$$\tilde{\lambda}_N(\boldsymbol{PBK}+\boldsymbol{K}^{\mathrm{T}}\boldsymbol{B}^{\mathrm{T}}\boldsymbol{P})-(\boldsymbol{PA}+\boldsymbol{A}^{\mathrm{T}}\boldsymbol{P})-2\tilde{\lambda}_N\boldsymbol{Q}_x-\tilde{\lambda}_N^2\boldsymbol{K}^{\mathrm{T}}\boldsymbol{Q}_u\boldsymbol{K}>0\tag{3.84}$$

同时成立。利用线性矩阵不等式的凸集特性，式(3.83)和式(3.84)都成立时可以保证 $\boldsymbol{\Phi}_{\sigma(t)}^{(i)}>\mathbf{0}(i=1,2,\cdots,r_{\sigma(t)})$ 可行。

综上所述，线性矩阵不等式 $\boldsymbol{PA}+\boldsymbol{A}^{\mathrm{T}}\boldsymbol{P}\leqslant\mathbf{0}$ 和 $\boldsymbol{\Xi}_i<\mathbf{0}(i=2,N)$ 同时可行就可以保证多智能体系统式(3.52)获得保成本一致，且满足 $J_{\mathrm{C}}\leqslant V(0)$。

当多智能体系统式(3.52)获得保成本一致时，下面的定理给出性能指标函数的一个保成本上界。

定理4.4:当存在 $d\times d$ 维实矩阵 $\boldsymbol{P}=\boldsymbol{P}^{\mathrm{T}}>\mathbf{0}$ 使多智能体系统式(3.52)获得保成本一致时，保成本上界满足

$$J_{\mathrm{C}}^*=\boldsymbol{x}^{\mathrm{T}}(0)(\boldsymbol{Y}\otimes\boldsymbol{P})\boldsymbol{x}(0)$$

其中，$\boldsymbol{Y}=\boldsymbol{I}_N-\mathbf{1}_N\mathbf{1}_N^{\mathrm{T}}/N$。

证明:由式(3.61)可知

$$\boldsymbol{\kappa}_{\mathrm{r}}(t)=[\mathbf{0} \quad \boldsymbol{I}_{(N-1)d}]((\boldsymbol{U}_0^{\mathrm{T}}\otimes \boldsymbol{I}_d)\boldsymbol{x}(t)) \tag{3.85}$$

其中 $\mathbf{0}\in \mathbf{R}^{(N-1)d\times d}$ 。而由式(3.59)中 $\boldsymbol{U}_0$ 的结构可得

$$[\mathbf{0} \quad \boldsymbol{I}_{(N-1)d}](\boldsymbol{U}^{\mathrm{T}}\otimes \boldsymbol{I}_d)=\left[\frac{\mathbf{1}_{N-1}}{\sqrt{N}},\bar{\boldsymbol{U}}\right]\otimes \boldsymbol{I}_d \tag{3.86}$$

从而，由式(3.69)可得

$$V[\boldsymbol{\kappa}_{\mathrm{r}}(t)]=\boldsymbol{x}^{\mathrm{T}}(t)(\boldsymbol{Y}\otimes \boldsymbol{P})\boldsymbol{x}(t) \tag{3.87}$$

其中

$$\boldsymbol{Y}=\begin{bmatrix} \dfrac{\mathbf{1}_{N-1}^{\mathrm{T}}\,\mathbf{1}_{N-1}}{N} & \dfrac{\mathbf{1}_{N-1}^{\mathrm{T}}\bar{\boldsymbol{U}}^{\mathrm{T}}}{\sqrt{N}} \\ \dfrac{\bar{\boldsymbol{U}}\,\mathbf{1}_{N-1}}{\sqrt{N}} & \bar{\boldsymbol{U}}\bar{\boldsymbol{U}}^{\mathrm{T}} \end{bmatrix}$$

由正交矩阵 $\boldsymbol{U}_0$ 满足 $\boldsymbol{U}_0\boldsymbol{U}_0^{\mathrm{T}}=\boldsymbol{I}_N$ 可得 $\mathbf{1}_{N-1}^{\mathrm{T}}\bar{\boldsymbol{U}}^{\mathrm{T}}/\sqrt{N}=-\mathbf{1}_{N-1}^{\mathrm{T}}/N$ 和 $\bar{\boldsymbol{U}}\bar{\boldsymbol{U}}^{\mathrm{T}}=\boldsymbol{I}_{N-1}-\mathbf{1}_{N-1}\,\mathbf{1}_{N-1}^{\mathrm{T}}/N$ 成立。进而，可得 $\boldsymbol{Y}=\boldsymbol{I}_N-\mathbf{1}_N\,\mathbf{1}_N^{\mathrm{T}}/N$ 。由于 $V(0)=V(\boldsymbol{\kappa}_{\mathrm{r}}(t))\big|_{t=0}=\boldsymbol{x}^{\mathrm{T}}(0)(\boldsymbol{Y}\otimes \boldsymbol{P})\boldsymbol{x}(0)$ ，从而该定理得证。

推论 4.2：当多智能体系统式(3.52)获得保成本一致时，一致函数 $\boldsymbol{c}(t)$ 满足

$$\lim_{t\to\infty}\left[\boldsymbol{c}(t)-\mathrm{e}^{\boldsymbol{A}t}\left(\frac{1}{N}\sum_{i=1}^{N}\boldsymbol{x}_i(0)\right)\right]=\mathbf{0}$$

证明：当多智能体系统式(3.52)获得保成本一致时，$\lim\limits_{t\to\infty}\boldsymbol{\kappa}_{\mathrm{r}}(t)=\mathbf{0}$ 成立。从而，系统的宏观运动由系统式(3.61)决定，即一致函数 $\boldsymbol{c}(t)$ 可由式(3.61)来确定。从式(3.61)可知 $\boldsymbol{\kappa}_{\mathrm{c}}(t)=\mathrm{e}^{\boldsymbol{A}t}\boldsymbol{\kappa}_{\mathrm{c}}(0)$ 。而由式(3.60)可得

$$\boldsymbol{\kappa}_{\mathrm{c}}(0)=[\boldsymbol{I}_{(N-1)d} \quad \mathbf{0} \quad \cdots \quad \mathbf{0}][(\boldsymbol{U}_0^{\mathrm{T}}\otimes \boldsymbol{I}_d)\boldsymbol{x}(0)]=\frac{1}{\sqrt{N}}(\mathbf{1}_N^{\mathrm{T}}\otimes \boldsymbol{I}_d)\boldsymbol{x}(0) \tag{3.88}$$

因而，有

$$\boldsymbol{\kappa}_{\mathrm{c}}(t)=\mathrm{e}^{\boldsymbol{A}t}\left[\frac{1}{\sqrt{N}}\sum_{i=1}^{N}\boldsymbol{x}_i(0)\right] \tag{3.89}$$

又由式(3.66)和 $\lim\limits_{t\to\infty}\boldsymbol{\kappa}_{\mathrm{r}}(t)=\mathbf{0}$ 可得 $\lim\limits_{t\to\infty}\boldsymbol{x}_{\mathrm{r}}(t)=\mathbf{0}$ ，从而有

$$\lim_{t\to\infty}(\boldsymbol{x}(t)-\boldsymbol{x}_{\mathrm{c}}(t))=\mathbf{0} \tag{3.90}$$

因此，由定义 3.3 可得一致函数满足

$$\lim_{t\to\infty}\left[\boldsymbol{c}(t)-\frac{1}{\sqrt{N}}\boldsymbol{\kappa}_{\mathrm{c}}(t)\right]=\mathbf{0} \tag{3.91}$$

综上所述，由式(3.89)和式(3.91)可得一致函数的显示表达式。

注释 3.12:定理 3.3 利用状态空间分解法将高阶多智能体系统的保成本一致问题转化为高维系统的保成本稳定问题,其中 $\boldsymbol{PA}+\boldsymbol{A}^{\mathrm{T}}\boldsymbol{P}\leqslant\boldsymbol{0}$ 反应了对联合连通的要求。定理 3.4 可知保成本上界 J_C^* 只与系统的初始状态 $\boldsymbol{x}(0)$ 有关,而作用拓扑的切换过程对保成本上界 J_C^* 没有影响,即作用拓扑只需要满足在有限时间段内联合连通则可以任意切换。推论 3.2 表明切换信号和性能指标函数对一致函数并没有影响。

当矩阵 $\boldsymbol{P}$ 和增益矩阵 $\boldsymbol{K}$ 同时为未知时,则定理 3.3 中存在非线性项 $\boldsymbol{PBK}$,这导致很难利用线性矩阵不等式工具进行求解。下面的定理利用变量代换法来确定增益矩阵 $\boldsymbol{K}$,即保成本一致性控制的设计问题。

定理 3.5:假设切换拓扑在有限时间间隔 $[t_n,t_{n+1})(n=0,1,2,\cdots)$ 内联合连通。如果存在 $d\times d$ 维实矩阵 $\widetilde{\boldsymbol{P}}=\widetilde{\boldsymbol{P}}^{\mathrm{T}}>\boldsymbol{0}$ 和矩阵 $\widetilde{\boldsymbol{K}}\in\mathbf{R}^{m\times d}$ 使得线性矩阵不等式 $\boldsymbol{A}\widetilde{\boldsymbol{P}}+\widetilde{\boldsymbol{P}}\boldsymbol{A}^{\mathrm{T}}\leqslant\boldsymbol{0}$ 和 $\widetilde{\boldsymbol{\Xi}}_i<\boldsymbol{0}(i=2,N)$ 同时可行,其中

$$\widetilde{\boldsymbol{\Xi}}_i=\begin{bmatrix}\widetilde{\boldsymbol{\Xi}}_{i11} & 2\tilde{\lambda}_i\widetilde{\boldsymbol{P}}\boldsymbol{Q}_x & \tilde{\lambda}_i\widetilde{\boldsymbol{K}}^{\mathrm{T}}\boldsymbol{Q}_u\\ * & -2\tilde{\lambda}_i\boldsymbol{Q}_x & \boldsymbol{0}\\ * & * & -\boldsymbol{Q}_u\end{bmatrix}$$

且 $\widetilde{\boldsymbol{\Xi}}_{i11}=\boldsymbol{A}\widetilde{\boldsymbol{P}}+\widetilde{\boldsymbol{P}}\boldsymbol{A}^{\mathrm{T}}-\tilde{\lambda}_i(\boldsymbol{B}\widetilde{\boldsymbol{K}}+\widetilde{\boldsymbol{K}}^{\mathrm{T}}\boldsymbol{B}^{\mathrm{T}})$,那么多智能体系统式(3.49)在一致性控制协议(3.51)的作用下可获得保成本一致。在这种情况下,一致性控制协议中的增益矩阵满足 $\boldsymbol{K}=\widetilde{\boldsymbol{K}}\widetilde{\boldsymbol{P}}^{-1}$,保成本上界满足

$$J_C^*=x^{\mathrm{T}}(0)(\boldsymbol{Y}\otimes\widetilde{\boldsymbol{P}}^{-1})\boldsymbol{x}(0)$$

其中,$\boldsymbol{Y}=\boldsymbol{I}_N-\boldsymbol{1}_N\boldsymbol{1}_N^{\mathrm{T}}/N$。

证明:利用变量代换法来确定 $\boldsymbol{K}$。对定理 3.3 中的 $\boldsymbol{PA}+\boldsymbol{A}^{\mathrm{T}}\boldsymbol{P}\leqslant\boldsymbol{0}$ 分别左乘 $\boldsymbol{P}^{-\mathrm{T}}$ 和右乘 $\boldsymbol{P}^{-1}$,可得

$$\boldsymbol{AP}^{-1}+\boldsymbol{P}^{-\mathrm{T}}\boldsymbol{A}^{\mathrm{T}}\leqslant\boldsymbol{0}\tag{3.92}$$

另外,对定理 3.3 结论中的矩阵不等式 $\boldsymbol{\Xi}_i<0(i=2,N)$ 分别左乘 $\boldsymbol{\Pi}^{\mathrm{T}}=\mathrm{diag}\{\boldsymbol{P}^{-\mathrm{T}},\boldsymbol{I}_d,\boldsymbol{I}_q\}$ 和右乘 $\boldsymbol{\Pi}=\mathrm{diag}\{\boldsymbol{P}^{-1},\boldsymbol{I}_d,\boldsymbol{I}_q\}$,可得

$$\tilde{\tilde{\boldsymbol{\Xi}}}_i=\boldsymbol{\Pi}^{\mathrm{T}}\boldsymbol{\Xi}_i\boldsymbol{\Pi}=\begin{bmatrix}\tilde{\tilde{\boldsymbol{\Xi}}}_{i11} & 2\tilde{\lambda}_i\boldsymbol{P}^{-\mathrm{T}}\boldsymbol{Q}_x & \tilde{\lambda}_i\boldsymbol{P}^{-\mathrm{T}}\boldsymbol{K}^{\mathrm{T}}\boldsymbol{Q}_u\\ * & -2\tilde{\lambda}_i\boldsymbol{Q}_x & \boldsymbol{0}\\ * & * & -\boldsymbol{Q}_u\end{bmatrix}<\boldsymbol{0}\tag{3.93}$$

其中,$\tilde{\tilde{\boldsymbol{\Xi}}}_{i11}=\boldsymbol{AP}^{-1}+\boldsymbol{P}^{-\mathrm{T}}\boldsymbol{A}^{\mathrm{T}}-\tilde{\lambda}_i(\boldsymbol{BKP}^{-1}+\boldsymbol{P}^{-\mathrm{T}}\boldsymbol{K}^{\mathrm{T}}\boldsymbol{B}^{\mathrm{T}})$。在式(3.92)和式(3.93)中设 $\widetilde{\boldsymbol{P}}=\boldsymbol{P}^{-1}$ 及 $\widetilde{\boldsymbol{K}}=\boldsymbol{KP}^{-1}$,那么有 $\boldsymbol{A}\widetilde{\boldsymbol{P}}+\widetilde{\boldsymbol{P}}\boldsymbol{A}^{\mathrm{T}}\leqslant\boldsymbol{0}$ 和 $\widetilde{\boldsymbol{\Xi}}_i<\boldsymbol{0}(i=2,N)$,进而可得该定理。

3.3.4 仿真验证与分析

考虑一个由 6 个智能体组成的多智能体系统，各智能体编号为 1～6，即智能体编号集合为 $\mathcal{I}_N=\{1,2,\cdots,6\}$ 。各智能体的动力学特性都由式(3.48)描述，其中

$$\boldsymbol{A}=\begin{bmatrix}-2 & -3 & 0\\ 1 & 1 & 1\\ -1 & 0 & -3\end{bmatrix},\quad \boldsymbol{B}=\begin{bmatrix}1 & 0\\ -1 & 2\\ 0 & -1\end{bmatrix}$$

在性能指标函数式(3.53)中，参数矩阵任意选定为

$$\boldsymbol{Q}_x=\begin{bmatrix}1.2 & 0 & 0.8\\ 0 & 0.8 & 0.4\\ 0.8 & 0.4 & 2\end{bmatrix},\quad \boldsymbol{Q}_u=\begin{bmatrix}2.4 & 0\\ 0 & 3.6\end{bmatrix}$$

该多智能体系统的初始状态任意选择为 $\boldsymbol{x}(0)=[\boldsymbol{x}_1^{\mathrm{T}}(0),\boldsymbol{x}_2^{\mathrm{T}}(0),\cdots,\boldsymbol{x}_N^{\mathrm{T}}(0)]^{\mathrm{T}}$ ，其中各智能体的初始状态为

$$\boldsymbol{x}_1(0)=\begin{bmatrix}-1\\ 2\\ 1\end{bmatrix},\quad \boldsymbol{x}_2(0)=\begin{bmatrix}-1\\ -1\\ 2\end{bmatrix},\quad \boldsymbol{x}_3(0)=\begin{bmatrix}0\\ -1\\ 2\end{bmatrix}$$

$$\boldsymbol{x}_4(0)=\begin{bmatrix}2\\ 0\\ -1\end{bmatrix},\quad \boldsymbol{x}_5(0)=\begin{bmatrix}-1\\ 1\\ 3\end{bmatrix},\quad \boldsymbol{x}_6(0)=\begin{bmatrix}-2\\ 0\\ 1\end{bmatrix}$$

图 3.7 中给出了拓扑集合 Γ，其中包含 4 个可能的作用拓扑，即 $\Gamma=\{G_1,G_2,G_3,G_4\}$ 和编号集合为 $\mathcal{I}_M=\{1,2,3,4\}$ 。可以看出各作用拓扑并不连通，而图 3.8 中联合作用拓扑 $G_1\cup G_2$ 和 $G_3\cup G_4$ 是连通的，则联合作用拓扑 $G_1\cup G_2\cup G_3\cup G_4$ 是连通的。假设各边的权重均为 1，则可计算出最小非零特征值 $\tilde{\lambda}_2=1$ ，最大特征值 $\tilde{\lambda}_N=3$ 。

为便于观察在有限时间段内作用拓扑是联合连通的，设定仿真中的切换信号 S 为

$$\begin{aligned}G_{\sigma(t)}^{\mathrm{S}}:&G_3\to G_4\to G_1\to G_2\to G_3\to\\ &G_4\to G_1\to G_2\to G_3\to G_4\to\\ &G_1\to G_2\to G_3\to G_4\to G_1\to\\ &G_2\to G_3\to G_4\to G_1\to G_2\end{aligned}$$

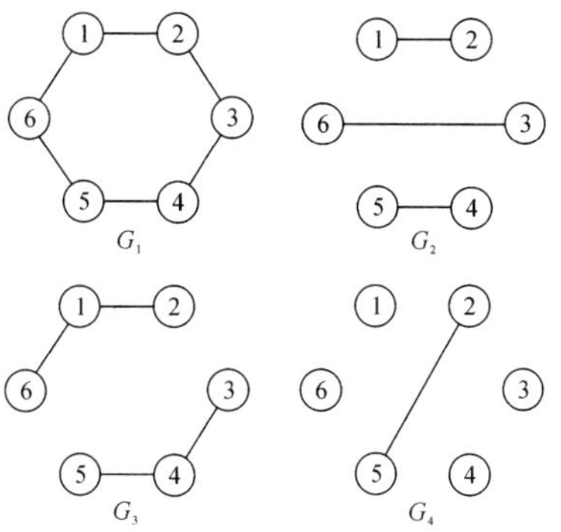

图 3.7　联合连通切换拓扑集合

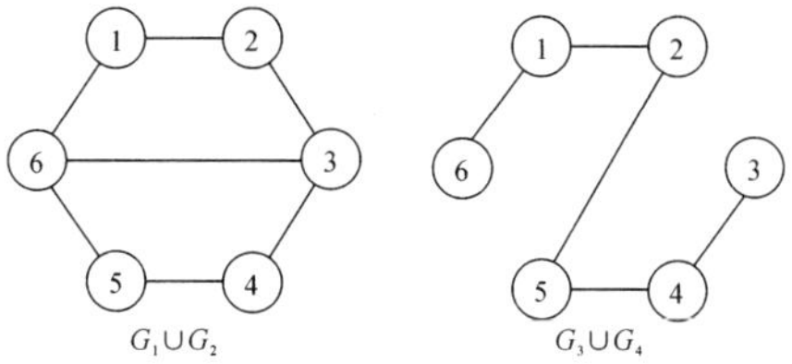

图 3.8　联合连通切换拓扑集合

如图 3.9 所示，其中切换时间子间隔满足 $T_{\mathrm{d}}=0.5\ \mathrm{s}$，切换时间间隔满足 $T_0=1\ \mathrm{s}$。可见，该切换信号满足定理 3.3 中的假设。利用定理 3.5 和 $\boldsymbol{P}=\widetilde{\boldsymbol{P}}^{-1}$，可得

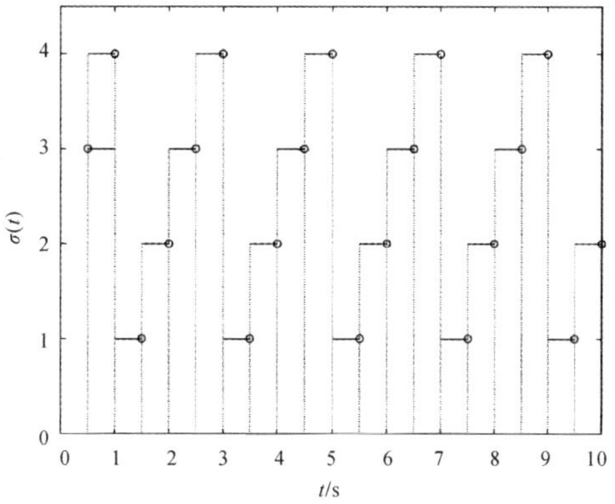

图 3.9　联合连通切换拓扑条件下切换信号

$$\boldsymbol{K}=\begin{bmatrix}-0.2408 & -3.4729 & -0.3621\\ 2.1667 & 6.6136 & 1.5250\end{bmatrix}$$

$$\boldsymbol{P}=\begin{bmatrix}12.7187 & 13.8176 & 8.8702\\ 13.8176 & 33.8062 & 10.7980\\ 8.8702 & 10.7980 & 8.3053\end{bmatrix}$$

在数值仿真中，假设仿真步长为 $T_s = 0.001$ s 。图 3.10～图 3.12 给出了多智能体系统各状态曲线变化轨迹，其中圆圈是各状态变量相应的一致函数 $\boldsymbol{c}(t)$ 。

图 3.10～图 3.12 中各个切换时刻状态曲线有转折点，但可以看出各状态曲线仍逐渐收敛到利用推论 3.2 得出的一致函数 $\boldsymbol{c}(t)$ ，其中 $\boldsymbol{c}(t)$ 满足

$$\lim_{t\to\infty}(\boldsymbol{c}(t)-\mathrm{e}^{\boldsymbol{A}t}\,[-0.5000\quad 0.5000\quad 0.6667]^{\mathrm{T}})=\boldsymbol{0}$$

表明联合连通切换拓扑对系统的整体宏观运动没有影响。图 3.13 给出了性能指标函数 J_{C} 的变化趋势，其中点划线是利用定理 3.4 计算得到的保成本上界 $J_{\mathrm{C}}^{*}=273.3837$ ，可以看出 $J_{\mathrm{C}}\leqslant J_{\mathrm{C}}^{*}$ 。根据定义 3.3 可知，该多智能体系统在联合连通切换拓扑条件下获得了保成本一致。另外，从图 3.13 中可以看出，随着时间 $t\to\infty$ ，J_{C} 逐渐趋于平坦且与 J_{C}^{*} 之间保持相对稳定的冗余，说明给出的保成本上界存在一定的保守性。

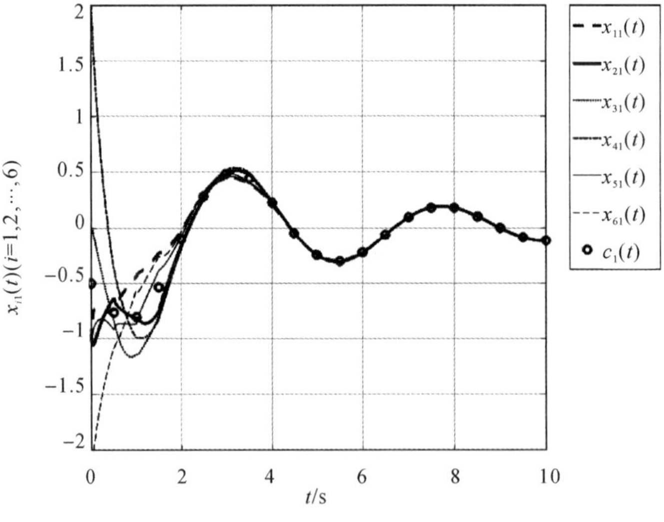

图 3.10 状态变量曲线 $x_{i1}(t)(i=1,2,\cdots,6)$

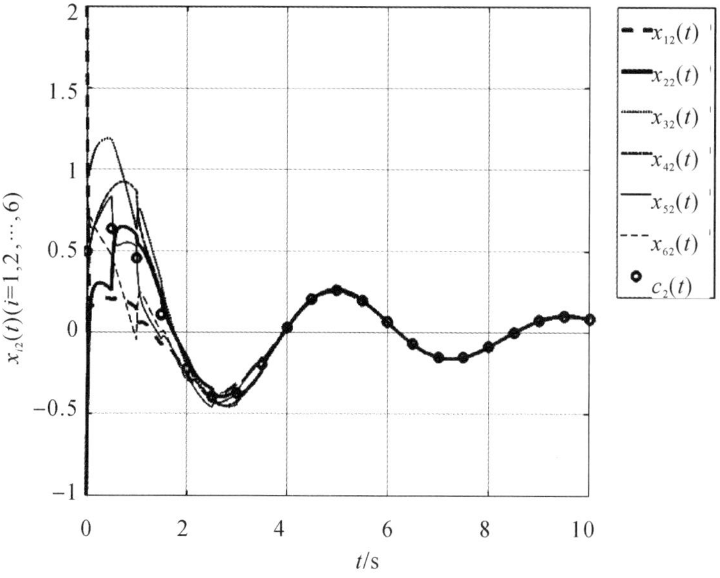

图 3.11　状态变量曲线 $x_{i2}(t)(i=1,2,\cdots,6)$

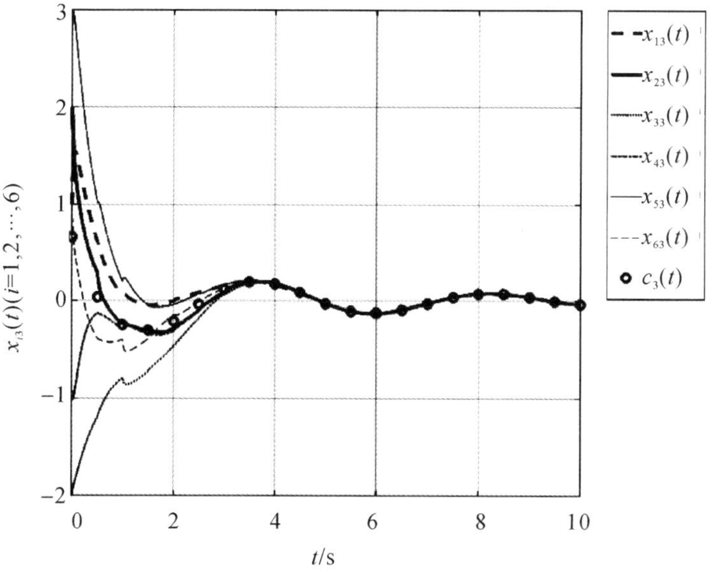

图 3.12　状态变量曲线 $x_{i3}(t)(i=1,2,\cdots,6)$

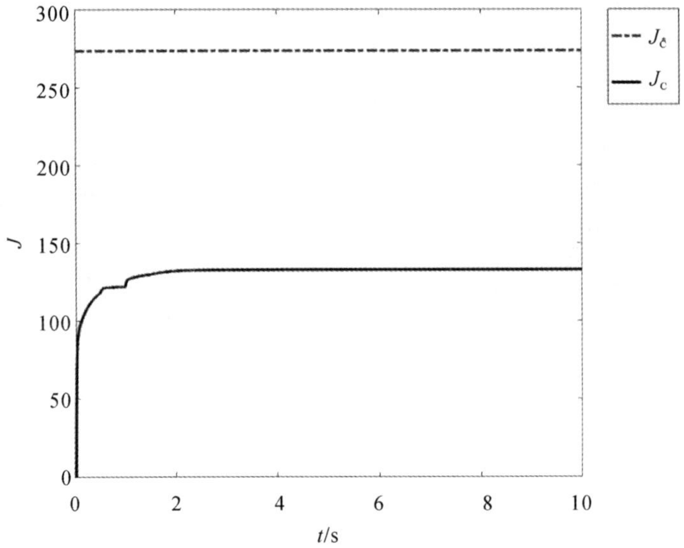

图 3.13　联合连通切换拓扑条件下性能指标函数与保成本上界的关系图

3.4　本章小结

本章在第 2 章固定拓扑条件下保成本一致性控制问题的基础上，利用保成本控制同时适用于具有确定性参数和具有不确定性参数优化控制问题的特性，介绍了切换拓扑条件下多智能体系统的保成本一致性控制问题。主要内容包括：第一，介绍了连通切换拓扑条件下一阶多智能体系统的保成本一致性控制问题；第二，介绍了联合连通切换拓扑条件下高阶多智能体系统的保成本一致性控制问题。

第4章　时间延迟条件下多智能体系统保成本一致性控制

4.1 引　言

在实际工程应用中，系统对信息进行测量、计算和执行等处理过程往往会耗费一定的时间。对于实际的多智能体系统，各智能体处理信息的过程会引起时间延迟，智能体之间的信息交换过程中一般也存在时间延迟。这些时间延迟的存在会降低多智能体系统的整体性能，甚至会破坏多智能体系统的一致性调节性能。可见，时间延迟条件下的优化一致性控制问题具有重要的理论意义和应用价值，有关时间延迟条件下多智能体系统优化一致性控制问题的值得被整理到本书中，使保成本一致性控制的理论体系更加完整。

第2章主要介绍了固定拓扑条件下多智能体系统的保成本一致性控制问题，将保成本控制思想引入多智能体系统一致性控制。第3章利用保成本控制既适用于确定参数系统也适用于不确定参数系统的特点，推广讨论了切换拓扑条件下多智能体系统的保成本一致性控制问题。在本章，将保成本控制引入存在时间延迟的情形，介绍时间延迟条件下多智能体系统保成本一致性控制问题。

本章内容安排如下：第4.2节中介绍存在常数延迟的一阶多智能体系统保成本一致性控制，其中影响多智能体系统一致性控制协议的时间延迟为一个常数；第4.3节中讨论存在时变延迟的高阶多智能体系统保成本一致性控制问题，其中时间延迟是时变的；在第4.4节中小结本章的主要内容。

4.2 常数延迟条件下一阶保成本一致性控制

本节将保成本控制思想引入常数延迟条件下一阶多智能体系统一致性控制问题。在描述存在常数延迟的一阶多智能体系统保成本一致性控制问题后，分别给出该系统获得保成本一致的充分条件，同时确定性能指标函数的保成本上界，并将固定拓扑条件下的相关结论拓展到切换拓扑情形。

4.2.1 常数延迟条件下保成本一致性控制问题描述

考虑一个由 N 个同构一阶智能体组成的多智能体系统，各智能体被编号为1到 N，即编号集合为 $\mathcal{I}_N=\{1,2,\cdots,N\}$。各智能体可被描述为如下一阶积分器模型：

$$\dot{x}_i(t)=u_i(t) \tag{4.1}$$

其中，$i\in\mathcal{I}_N$；$x_i(t)\in\mathbf{R}$ 和 $u_i(t)\in\mathbf{R}$ 分别表示智能体 i 的状态变量和一致性控制输入。

对于实际工程中的多智能体系统，本地智能体的自身延迟与信息传输过程中的时间延迟通常并不相等。但为了便于说明，一般的处理方法是取两种延迟的共同上界 τ 为一致性控制协议所受到的时间延迟，即考虑如下一致性控制协议：

$$u_i(t)=k\sum_{j\in\mathcal{N}_i(t)}w_{ij}(t)[x_j(t-\tau)-x_i(t-\tau)] \tag{4.2}$$

其中，$i,j\in\mathcal{I}_N$；$\mathcal{N}_i(t)$ 代表智能体 i 的邻居集，$w_{ij}(t)$ 是智能体 j 对智能体 i 的作用权重，$k>0$ 是系统的控制增益，$\tau>0$ 表示智能体所受到的常数时间延迟。

在本节中，考虑的作用拓扑可以被描述为无向作用拓扑，所有可能的作用拓扑组成拓扑集合 $\Gamma=\{G_1,G_2,\cdots,G_M\}$，则编号集合为 $\mathcal{I}_M=\{1,2,\cdots,M\}$。记 $\sigma(t):[0,\infty)\rightarrow\mathcal{I}_M$ 表示切换信号，其在时间间隔 $t\in[t_l,t_{l+1})$ $(l=0,1,2,\cdots)$ 内是一个固定不变的正整数，$\sigma(t)$ 在时间间隔 $t\in[t_l,t_{l+1})$ 内的值对应于时间间隔 $t\in[t_l,t_{l+1})$ 内作用拓扑的编号在编号集合中的取值。在一致性控制协议式(4.2)的作用下，多智能体系统式(4.1)可被描述为

$$\dot{\boldsymbol{x}}(t)=-k\boldsymbol{L}_{\sigma(t)}\boldsymbol{x}(t-\tau),\ \boldsymbol{x}(t)=\boldsymbol{x}(0),\quad t\in[-\tau,0] \tag{4.3}$$

其中，$\boldsymbol{x}(t)=[x_1(t)\quad x_2(t)\quad\cdots\quad x_N(t)]^{\mathrm{T}}$ 为多智能体系统的全局状态变量，$\boldsymbol{L}_{\sigma(t)}$ 为作用拓扑 $G_{\sigma(t)}$ 的拉普拉斯矩阵。

令 $\delta_{ij}(t)=x_j(t)-x_i(t)$ $(i,j\in\mathcal{I}_N)$ 表示智能体 j 与智能体 i 之间的状态差，在任意给定正常数 η 和 γ 的情况下，多智能体系统式(4.3)的性能指标函数可以定义为

$$J_{\mathrm{C}}=J_{\mathrm{C}x}+J_{\mathrm{C}u} \tag{4.4}$$

其中

$$J_{\mathrm{C}x}=\sum_{i=1}^{N}\int_0^{\infty}\gamma\sum_{j=1}^{N}w_{ij}(t)\delta_{ij}^2(t)\mathrm{d}t$$

$$J_{Cu} = \sum_{i=1}^{N} \int_0^{\infty} \eta \mu_i^2(t)\mathrm{d}t$$

从多智能体系统的全局来看，性能指标函数式(4.4)可描述为

$$J_C = \int_0^{\infty} [2\gamma \boldsymbol{x}^{\mathrm{T}}(t)\boldsymbol{L}_{\sigma(t)}\boldsymbol{x}(t) + \eta k^2 \boldsymbol{x}^{\mathrm{T}}(t-\tau)\boldsymbol{L}_{\sigma(t)}^2 \boldsymbol{x}(t-\tau)]\mathrm{d}t \tag{4.5}$$

在考虑性能指标函数式(4.5)的情况下，分别给出多智能体系统式(4.1)在一致性控制协议式(4.2)作用下获得和可获得保成本一致的定义。

定义 4.1：对于一个控制增益 k 和任意给定的参数 $\eta > 0$ 和 $\gamma > 0$，如果存在一个与有界初始状态 $\boldsymbol{x}(0)$ 相关的标量 α 使得 $\lim_{t\to\infty}(\boldsymbol{x}(t) - \alpha \mathbf{1}_N) = \mathbf{0}$ 且存在一个正数 J_C^* 使得 $J_C \leqslant J_C^*$，那么称受性能指标函数式(4.5)约束的多智能体系统式(4.1)在一致性控制协议式(4.2)作用下获得了保成本一致，并称 α 为多智能体系统式(4.1)在一致性控制协议式(4.2)作用下的一致值，J_C^* 为性能指标函数式(4.5)的一个保成本上界。

定义 4.2：对于任意给定的参数 $\eta > 0$ 和 $\gamma > 0$，如果存在一个控制增益 k 使得多智能体系统式(4.3)能够获得保成本一致，那么称受性能指标函数式(4.5)约束的多智能体系统式(4.1)在一致性控制协议式(4.2)作用下可获得保成本一致。

注释 4.1：在现有文献中，对存在常数延迟的一阶多智能体系统的一致性调节性能进行了很多研究，但很少有相关成果分析控制能量对系统的影响。在性能指标函数式(4.4)中，J_{Cx} 可以代表一致性控制过程中的一致性调节性能，J_{Cu} 可以代表在控制过程中所消耗的能量。可以看出，一致性控制协议式(4.2)中考虑了作用权重 $w_{ij}(t)$，通过引入该权重来表征多智能体系统式(4.1)的分布式特性。一致性调节性能 J_{Cx} 只需要考虑本地智能体与其邻居智能体之间的状态差，而不需要考虑所有智能体与本地智能体之间的状态差。从而，在性能指标函数式(4.4)中引入作用权重 $w_{ij}(t)$ 作为 J_{Cx} 的系数。与现有相关结论相比，本节的主要目的就是在已知的 η 和 γ 情况下，通过选择合适的控制增益 k 使 J_{Cx} 和 J_{Cu} 达到一个平衡。另外，当多智能体系统式(4.3)获得保成本一致时，各状态差满足 $\lim_{t\to\infty}\delta_{ij}(t) = 0\ (i,j \in \mathcal{I}_N)$。

4.2.2 常数延迟条件下保成本一致性控制分析

在本节中，首先分析在固定拓扑条件下存在常数时间延迟的一阶多智能体系统保成本一致性控制，然后考虑在切换拓扑条件下存在常数时间延迟的情形。在获得主要结论过程中将会利用到下面的引理。

引理 4.1[195]：设 $\boldsymbol{x}(t)$ 为一个在 $[t,t-\tau]\rightarrow\mathbf{R}$ 上连续可微的一维向量函数，那么下面的积分不等式成立：

$$\int_{t-\tau}^{t}\dot{\boldsymbol{x}}^2(s)\mathrm{d}s\geqslant\frac{1}{\tau}[\boldsymbol{x}(t)-\boldsymbol{x}(t-\tau)]^2+\frac{3}{\tau}\left[\boldsymbol{x}(t)+\boldsymbol{x}(t-\tau)-\frac{2}{\tau}\int_{t-\tau}^{t}\boldsymbol{x}(s)\mathrm{d}s\right]^2$$

对于固定无向作用拓扑 G，其拉普拉斯矩阵为 $\boldsymbol{L}$。假设 G 连通，则 $\boldsymbol{L}$ 的 N 个特征值满足 $0=\lambda_1<\lambda_2\leqslant\cdots\leqslant\lambda_N$。由拉普拉斯矩阵的结构特性可知，存在一个正交矩阵

$$\boldsymbol{U}=\begin{bmatrix}\dfrac{1}{\sqrt{N}} & \dfrac{\mathbf{1}_{N-1}^{\mathrm{T}}}{\sqrt{N}}\\ \dfrac{\mathbf{1}_{N-1}}{\sqrt{N}} & \bar{\boldsymbol{U}}\end{bmatrix}$$

使得下式成立：

$$\boldsymbol{\Lambda}=\boldsymbol{U}^{\mathrm{T}}\boldsymbol{L}\boldsymbol{U}=\mathrm{diag}\{0,\boldsymbol{\Lambda}_{\lambda}\}\tag{4.6}$$

上式中的 $\boldsymbol{\Lambda}_{\lambda}=\mathrm{diag}\{\lambda_2,\lambda_3,\cdots,\lambda_N\}$。令多智能体系统式(4.3)的状态变量满足

$$\tilde{\boldsymbol{x}}(t)=\boldsymbol{U}^{\mathrm{T}}\boldsymbol{x}(t)=[\tilde{x}_{\mathrm{c}}(t)\quad \tilde{\boldsymbol{x}}_{\mathrm{r}}^{\mathrm{T}}(t)]^{\mathrm{T}}\tag{4.7}$$

其中，$\tilde{x}_{\mathrm{c}}(t)\in\boldsymbol{R}$ 且 $\tilde{\boldsymbol{x}}_{\mathrm{r}}(t)=[\tilde{x}_{\mathrm{r}2}\quad\tilde{x}_{\mathrm{r}3}(t)\quad\cdots\quad\tilde{x}_{\mathrm{r}N}(t)]^{\mathrm{T}}\in\boldsymbol{R}^{N-1}$。利用式(4.7)的状态变换，存在时变延迟的多智能体系统式(4.3)可以被分解为

$$\dot{\tilde{x}}_{\mathrm{c}}(t)=0\tag{4.8}$$

$$\dot{\tilde{x}}_{\mathrm{r}i}(t)=-k\lambda_i\tilde{x}_{\mathrm{r}i}(t-\tau)\tag{4.9}$$

在式(4.9)中 $i=2,3,\cdots,N$。从式(4.8)可知 $\tilde{x}_{\mathrm{c}}(t)$ 是一个常数。

对于性能指标函数(4.5)中的控制能量 $J_{\mathrm{C}u}$，有

$$J_{\mathrm{C}u}=\int_0^{\infty}[\eta k^2\boldsymbol{x}^{\mathrm{T}}(t-\tau)\boldsymbol{L}^2\boldsymbol{x}(t-\tau)]\mathrm{d}t=$$
$$\int_{-\tau}^{0}[\eta k^2\boldsymbol{x}^{\mathrm{T}}(t)\boldsymbol{L}^2\boldsymbol{x}(t)]\mathrm{d}t+\int_0^{\infty}[\eta k^2\boldsymbol{x}^{\mathrm{T}}(t)\boldsymbol{L}^2\boldsymbol{x}(t)]\mathrm{d}t\tag{4.10}$$

由于 $\boldsymbol{x}(t)=\boldsymbol{x}(0),t\in[-\tau,0]$，则

$$\int_{-\tau}^{0}[\eta k^2\boldsymbol{x}^{\mathrm{T}}(t)\boldsymbol{L}^2\boldsymbol{x}(t)]\mathrm{d}t=\rho\eta k^2\tag{4.11}$$

其中，$\rho=\tau\boldsymbol{x}^{\mathrm{T}}(0)\boldsymbol{L}^2\boldsymbol{x}(0)$。因此，性能指标函数式(4.5)可写为

$$J_{\mathrm{C}}=\int_0^{\infty}[\boldsymbol{x}^{\mathrm{T}}(t)(2\gamma\boldsymbol{L}+\eta k^2\boldsymbol{L}^2)\boldsymbol{x}(t)]\mathrm{d}t+\rho\eta k^2\tag{4.12}$$

从而，利用式(4.7)的状态变换可得

$$J_{\mathrm{C}}=\sum_{i=2}^{N}\int_0^{\infty}(\eta k^2\lambda_i^2+2\gamma\lambda_i)\tilde{x}_{\mathrm{r}i}^2(t)\mathrm{d}t+\rho\eta k^2\tag{4.13}$$

定理 4.1：假设作用拓扑 G 是固定的且是无向的，如果存在 3 个常数 $p_1>0, p_2>0, p_3>0$ 使得矩阵不等式 $\boldsymbol{\Xi}_i<\mathbf{0}(i=2,N)$ 可行，其中

$$\boldsymbol{\Xi}_i=\begin{bmatrix}\eta k^2\lambda_i^2+2\gamma\lambda_i+p_2-4p_3 & p_1\lambda_i k-4p_3 & 6p_3\\ p_1\lambda_i k-4p_3 & p_3\tau^2\lambda_i^2-p_2-4p_3 & 6p_3\\ 6p_3 & 6p_3 & -12p_3\end{bmatrix}$$

那么在固定拓扑条件下的多智能体系统式(4.3)获得保成本一致。在这种情况下，可确定性能指标函数的一个上界为

$$J_C^*=\boldsymbol{x}^{\mathrm{T}}(0)(\tau\eta k^2\boldsymbol{L}^2+p_1\boldsymbol{Y}+p_2\tau\boldsymbol{Y})\boldsymbol{x}(0)$$

其中，$\boldsymbol{Y}=\boldsymbol{I}_N-\mathbf{1}_N\mathbf{1}_N^{\mathrm{T}}/N$。

证明：在考虑式(4.7)的基础上，令如下两个变量满足

$$\boldsymbol{x}_c(t)=\boldsymbol{U}\begin{bmatrix}\tilde{x}_c(t) & 0\end{bmatrix}^{\mathrm{T}} \tag{4.14}$$

$$\boldsymbol{x}_r(t)=\boldsymbol{U}\begin{bmatrix}0 & \tilde{\boldsymbol{x}}_r^{\mathrm{T}}(t)\end{bmatrix}^{\mathrm{T}} \tag{4.15}$$

其中，式(4.14)中的 $\mathbf{0}\in\mathbf{R}^{1\times(N-1)}$，式(4.15)中的 $0\in\boldsymbol{R}$。由于 $\boldsymbol{U}$ 是正交矩阵，则 $\boldsymbol{x}_c(t)$ 与 $x_r(t)$ 是线性独立的。从而，由式(4.7)可得

$$\boldsymbol{x}(t)=\boldsymbol{x}_c(t)+\boldsymbol{x}_r(t) \tag{4.16}$$

另外，由式(4.14)可得

$$\boldsymbol{x}_c(t)=\frac{\tilde{x}_c(t)}{\sqrt{N}}\mathbf{1}_N \tag{4.17}$$

从式(4.8)可知 $\tilde{x}_c(t)$ 是一个常数，因此多智能体系统式(4.3)要获得一致，当且仅当所有子系统式(4.9)同时渐近稳定，即

$$\lim_{t\to\infty}\tilde{x}_{ri}(t)=0(i=2,3,\cdots,N) \tag{4.18}$$

为证明式(4.18)成立，考虑如下李雅普诺夫-克拉索夫斯基函数：

$$V(\tilde{\boldsymbol{x}}_r(t))=V_1(t)+V_2(t)+V_3(t) \tag{4.19}$$

其中

$$V_1(t)=\sum_{i=2}^{N}p_1\tilde{x}_{ri}^2(t)$$

$$V_2(t)=\sum_{i=2}^{N}p_2\int_{t-\tau}^{t}\tilde{x}_{ri}^2(s)\mathrm{d}s$$

$$V_3(t)=\sum_{i=2}^{N}p_3\tau\int_{-\tau}^{0}\int_{t+\theta}^{t}\dot{\tilde{x}}_{ri}^2(s)\mathrm{d}s\mathrm{d}\theta$$

从而，沿着式(4.9)的状态轨迹对时间 t 求导，可得

$$\dot{V}_1(t)\big|_{(4.9)}=-\sum_{i=2}^{N}2p_1\lambda_i k\tilde{x}_{ri}(t)\tilde{x}_{ri}(t-\tau) \tag{4.20}$$

$$\dot{V}_2(t)\big|_{(4.9)}=\sum_{i=2}^{N}p_2[\tilde{x}_{ri}^2(t)-\tilde{x}_{ri}^2(t-\tau)] \tag{4.21}$$

$$\dot{V}_3(t)\big|_{(4.9)}=\sum_{i=2}^{N}\left[p_3\tau^2\lambda_i^2\tilde{x}_{ri}^2(t-\tau)-p_3\tau\int_{t-\tau}^{t}\dot{\tilde{x}}_{ri}^2(s)\mathrm{d}s\right] \tag{4.22}$$

对于 $\dot{V}_3(t)\big|_{(4.9)}$，根据引理 4.1 可得

$$\begin{aligned}\dot{V}_3(t)\big|_{(4.9)}\leqslant&\sum_{i=2}^{N}[p_3\tau^2\lambda_i^2\tilde{x}_{ri}^2(t-\tau)]-\\&\sum_{i=2}^{N}\{p_3\ [\tilde{x}_{ri}(t)-\tilde{x}_{ri}(t-\tau)]^2\}-\\&\sum_{i=2}^{N}\left\{3p_3\left[\tilde{x}_{ri}(t)+\tilde{x}_{ri}(t-\tau)-\frac{2}{\tau}\int_{t-\tau}^{t}\tilde{x}_{ri}(s)\mathrm{d}s\right]^2\right\}\end{aligned} \tag{4.23}$$

进而，$\dot{V}(t)\big|_{(4.9)}$ 满足

$$\begin{aligned}\dot{V}(t)\big|_{(4.9)}\leqslant&\sum_{i=2}^{N}(p_2-4p_3)\tilde{x}_{ri}^2(t)+\sum_{i=2}^{N}(p_3\tau^2\lambda_i^2-p_2-4p_3)\tilde{x}_{ri}^2(t-\tau)+\\&\sum_{i=2}^{N}\left(-\frac{12p_3}{\tau^2}\right)\left(\int_{t-\tau}^{t}\tilde{x}_{ri}(s)\mathrm{d}s\right)^2+\sum_{i=2}^{N}(2p_1\lambda_ik-8p_3)\tilde{x}_{ri}(t)\tilde{x}_{ri}(t-\tau)+\\&\sum_{i=2}^{N}\left(\frac{12p_3}{\tau}\right)\tilde{x}_{ri}(t)\int_{t-\tau}^{t}\tilde{x}_{ri}(s)\mathrm{d}s+\sum_{i=2}^{N}\left(\frac{12p_3}{\tau}\right)\tilde{x}_{ri}(t-\tau)\int_{t-\tau}^{t}\tilde{x}_{ri}(s)\mathrm{d}s\end{aligned} \tag{4.24}$$

在此，定义函数

$$V'(t)=\dot{V}(t)\big|_{(4.9)}+\bar{J}_{\mathrm{C}} \tag{4.25}$$

其中

$$\bar{J}_{\mathrm{C}}=\sum_{i=2}^{N}(\eta k^2\lambda_i^2+2\gamma\lambda_i)\tilde{x}_{ri}^2(t)$$

值得注意的是 $\bar{J}_{\mathrm{C}}\geqslant 0$，可见如果 $V'(t)\leqslant 0$ 就有 $\dot{V}(t)\big|_{(4.9)}\leqslant 0$ 。因而，有

$$V'(t)\leqslant\sum_{i=2}^{N}\tilde{\boldsymbol{\zeta}}_{ri}^{\mathrm{T}}(t)\boldsymbol{\Xi}_i\tilde{\boldsymbol{\zeta}}_{ri}(t) \tag{4.26}$$

其中，变量为

$$\tilde{\boldsymbol{\zeta}}_{ri}(t)=\left[\tilde{x}_{ri}(t)\quad\tilde{x}_{ri}(t-\tau)\quad\frac{1}{\tau}\int_{t-\tau}^{t}\tilde{x}_{ri}(s)\mathrm{d}s\right]^{\mathrm{T}}$$

因此，如果 $\boldsymbol{\Xi}_i<\mathbf{0}(i=2,3,\cdots,N)$，那么会有 $V'(t)\leqslant 0$。并且，当且仅当 $\tilde{x}_{ri}(t)\equiv$

$0(i=2,3,\cdots,N)$ 时，$V'(t)=0$ 成立。从而，当 $\boldsymbol{\Xi}_i<\mathbf{0}(i=2,3,\cdots,N)$ 时，$\dot{V}(t)|_{(4.9)}\leqslant 0$，并且当且仅当 $\tilde{x}_{ri}(t)\equiv 0(i=2,3,\cdots,N)$ 时，$\dot{V}(t)|_{(4.9)}=0$ 成立。由 Schur 补定理可得，如果 $\boldsymbol{\Xi}_i<\mathbf{0}(i=2,3,\cdots,N)$，那么

$$\bar{\boldsymbol{\Xi}}_i<\mathbf{0}\quad(i=2,3,\cdots,N)\tag{4.27}$$

其中

$$\bar{\boldsymbol{\Xi}}_i=\begin{bmatrix}2\gamma\lambda_i+p_2-4p_3 & p_1\lambda_i k-4p_3 & 6p_3 & \lambda_i k & 0\\ p_1\lambda_i k-4p_3 & -p_2-4p_3 & 6p_3 & 0 & \tau\lambda_i p_3\\ 6p_3 & 6p_3 & -12p_3 & 0 & 0\\ \lambda_i k & 0 & 0 & -\eta^{-1} & 0\\ 0 & \tau\lambda_i p_3 & 0 & 0 & -p_3\end{bmatrix}$$

利用 LMI 的凸集特性，如果 $\bar{\boldsymbol{\Xi}}_i<\mathbf{0}(i=2,N)$，则可得到 $\bar{\boldsymbol{\Xi}}_i<\mathbf{0}(i=2,3,\cdots,N)$。从而，当 $\boldsymbol{\Xi}_i<\mathbf{0}(i=2,N)$ 时，所有子系统式(4.9)同时渐近稳定。

在式(4.25)中，由 $V'(t)\leqslant 0$ 得到

$$\bar{J}_{\mathrm{C}}\leqslant-\dot{V}(t)|_{(4.9)}\tag{4.28}$$

考虑到 $\int_0^{\infty}\bar{J}_{\mathrm{C}}\mathrm{d}t=J_{\mathrm{C}}-\rho\eta k^2$，根据式(4.28)由比较原理得

$$J_{\mathrm{C}}-\rho\eta k^2=\int_0^{\infty}\bar{J}_{\mathrm{C}}\mathrm{d}t\leqslant-\int_0^{\infty}\dot{V}(t)|_{(4.9)}\mathrm{d}t\tag{4.29}$$

由于 $\lim_{t\to\infty}V(\tilde{\boldsymbol{x}}_{\mathrm{r}}(t))=0$，则 $J_{\mathrm{C}}-\rho\eta k^2\leqslant V(0)$。因此，根据定义 4.1 可知，矩阵不等式 $\boldsymbol{\Xi}_i<\mathbf{0}(i=2,N)$ 可以保证多智能体系统式(4.3)获得保成本一致，并且性能指标函数满足 $J_{\mathrm{C}}\leqslant V(0)+\rho\eta k^2$。

当多智能体系统式(4.3)获得保成本一致时，可得到性能指标函数的一个保成本上界为 $J_{\mathrm{C}}^*=V(0)+\rho\eta k^2$。从式(4.7)可得 $\tilde{\boldsymbol{x}}_{\mathrm{r}}(t)=[\mathbf{0},\boldsymbol{I}_{N-1}]\boldsymbol{U}^{\mathrm{T}}\boldsymbol{x}(t)$，其中 $\mathbf{0}\in\mathbf{R}^{N-1}$。则有

$$V_1(t)=p_1\boldsymbol{x}^{\mathrm{T}}(t)\boldsymbol{Y}\boldsymbol{x}(t)\tag{4.30}$$

$$V_2(t)=p_2\int_{t-\tau}^{t}\boldsymbol{x}^{\mathrm{T}}(s)\boldsymbol{Y}\boldsymbol{x}(s)\mathrm{d}s\tag{4.31}$$

$$V_3(t)=p_3\int_{-\tau}^{0}\int_{t+\theta}^{t}\dot{\boldsymbol{x}}^{\mathrm{T}}(s)\boldsymbol{Y}\dot{\boldsymbol{x}}(s)\mathrm{d}s\mathrm{d}\theta\tag{4.32}$$

其中，$\boldsymbol{Y}=\boldsymbol{I}_N-\mathbf{1}_N\mathbf{1}_N^{\mathrm{T}}/N$。考虑到 $\boldsymbol{x}(t)=\boldsymbol{x}(0),t\in[-\tau,0]$，则有 $V_2(0)=p_2\tau\boldsymbol{x}^{\mathrm{T}}(0)\boldsymbol{Y}\boldsymbol{x}(0),V_3(0)=0$。从式(4.30)直接可以得到 $V_1(0)=p_1\boldsymbol{x}^{\mathrm{T}}(0)\boldsymbol{Y}\boldsymbol{x}(0)$。从而，由 $J_{\mathrm{C}}-\rho\eta k^2\leqslant V(0)$ 和 $\rho=\tau\boldsymbol{x}^{\mathrm{T}}(0)\boldsymbol{L}^2\boldsymbol{x}(0)$ 可得

$$J_{\mathrm{C}}\leqslant\boldsymbol{x}^{\mathrm{T}}(0)(\tau\eta k^2\boldsymbol{L}^2+p_1\boldsymbol{Y}+p_2\tau\boldsymbol{Y})\boldsymbol{x}(0)\tag{4.33}$$

根据定义 4.1 可得结论。

推论 4.1:当固定拓扑条件下的多智能体系统式(4.3)获得保成本一致时,多智能体系统的一致值为

$$\alpha = \frac{1}{N}\sum_{i=1}^{N} x_i(0)$$

证明:由定理 4.1 可知,当多智能体系统式(4.3)获得保成本一致时 $\lim\limits_{t\to\infty}\tilde{x}_{ri}(t) = 0(i = 2,3,\cdots,N)$,也就是 $\lim\limits_{t\to\infty}\boldsymbol{x}_r(t) = \boldsymbol{0}$。故式(4.16)中有 $\lim\limits_{t\to\infty}(\boldsymbol{x}(t) - \boldsymbol{x}_c(t)) = \boldsymbol{0}$。从而,由式(4.14)和定义 4.1 得到 $\alpha = \tilde{x}_c(t)/\sqrt{N}$。另外,由于 $\tilde{x}_c(t)$ 是一个常数,则 $\tilde{x}_c(t) = \tilde{x}_c(0), t \in [0,\infty)$。从而由 $\tilde{x}_c(t) = \left(\sum_{i=1}^{N} x_i(t)\right)/\sqrt{N}$ 可以得到结论。

下面,考虑在切换拓扑条件下存在常数时间延迟的一阶多智能体系统保成本一致性控制问题。对于切换拓扑情形,作用拓扑是无向作用拓扑 $G_{\sigma(t)}$,对应的拉普拉斯矩阵为 $\boldsymbol{L}_{\sigma(t)}$。其中,假设作用拓扑集合中所有可能的作用拓扑 $G_m \in \Gamma(m \in \mathcal{I}_M)$ 均是连通的,则可令 $0 = \lambda_{\sigma(t)}^{(1)} < \lambda_{\sigma(t)}^{(2)} \leqslant \cdots \leqslant \lambda_{\sigma(t)}^{(N)}$ 为 $\boldsymbol{L}_{\sigma(t)}$ 的所有特征值满足的大小关系,从而存在正交矩阵

$$\boldsymbol{U}_{\sigma(t)} = \begin{bmatrix} \dfrac{1}{\sqrt{N}} & \dfrac{\boldsymbol{1}_{N-1}^{\mathrm{T}}}{\sqrt{N}} \\ \dfrac{\boldsymbol{1}_{N-1}}{\sqrt{N}} & \bar{\boldsymbol{U}}_{\sigma(t)} \end{bmatrix}$$

使得时间 $\sigma(t):[0,\infty) \to \mathcal{I}_M$ 上所有的 $\boldsymbol{L}_{\sigma(t)}$ 满足

$$\boldsymbol{U}_{\sigma(t)}^{\mathrm{T}}\boldsymbol{L}_{\sigma(t)}\boldsymbol{U}_{\sigma(t)} = \mathrm{diag}\{0,\lambda_{\sigma(t)}^{(2)},\lambda_{\sigma(t)}^{(3)},\cdots,\lambda_{\sigma(t)}^{(N)}\} \tag{4.34}$$

在此变换的基础上,令多智能体系统的状态变量满足

$$\tilde{\boldsymbol{x}}(t) = \boldsymbol{U}_{\sigma(t)}^{\mathrm{T}}\boldsymbol{x}(t) = [\tilde{x}_c(t) \quad \tilde{\boldsymbol{x}}_r^{\mathrm{T}}(t)]^{\mathrm{T}} \tag{4.35}$$

其中,$\tilde{x}_c(t) \in \mathbf{R}$ 和 $\tilde{\boldsymbol{x}}_r(t) = [\tilde{x}_{r2}(t) \quad \tilde{x}_{r3}(t) \quad \cdots \quad \tilde{x}_{rN}(t)]^{\mathrm{T}} \in \mathbf{R}^{N-1}$。利用式(4.35)的状态变换,存在时变延迟的多智能体系统式(4.3)可被分解为

$$\dot{\tilde{x}}_c(t) = 0 \tag{4.36}$$

$$\dot{\tilde{x}}_{ri}(t) = -k\lambda_{\sigma(t)}^{(i)}\tilde{x}_{ri}(t-\tau) \tag{4.37}$$

在式(4.37)中 $i = 2,3,\cdots,N$。可见,式(4.36)中的 $\tilde{x}_c(t)$ 是一个常数。

本节考虑切换情形下所有可能的作用拓扑 $G_m \in \Gamma(m \in \mathcal{I}_M)$,与之对应的拉普拉斯矩阵为 $\boldsymbol{L}_m(m \in \mathcal{I}_M)$。令 $\boldsymbol{L}_m$ 的所有特征值满足的大小关系为 $0 = \lambda_m^{(1)} < \lambda_m^{(2)} \leqslant \cdots \leqslant \lambda_m^{(N)}$,则作用拓扑集合 Γ 中所有 $\boldsymbol{L}_m$ 的最小非零特征值可以记为 $\tilde{\lambda}_2 = \max\{\lambda_m^{(2)}, \forall m \in \mathcal{I}_M\}$,最大特征值可以记为 $\tilde{\lambda}_N = \max\{\lambda_m^{(N)},$

$\forall m \in \mathcal{I}_M\}$ 。因而,最小非零特征值与最大特征值之间满足 $0 < \tilde{\lambda}_2 \leqslant \tilde{\lambda}_N$ 。

与固定情形结论类似,可以直接得到在切换拓扑条件下存在常数时间延迟的一阶多智能体系统获得保成本一致的判据条件。

定理 4.2:假设作用拓扑集合 Γ 中的所有作用拓扑 $G_m(m \in \mathcal{I}_M)$ 都是连通的无向图,若存在 3 个常数 $p_1 > 0, p_2 > 0, p_3 > 0$ 使得矩阵不等式 $\boldsymbol{\Xi}_i < \mathbf{0}(i = 2, N)$ 成立,其中

$$\boldsymbol{\Xi}_i = \begin{bmatrix} \eta k^2 \tilde{\lambda}_i^2 + 2\gamma\lambda_i + p_2 - 4p_3 & p_1\tilde{\lambda}_i k - 4p_3 & 6p_3 \\ p_1\tilde{\lambda}_i k - 4p_3 & p_3\tau^2\tilde{\lambda}_i^2 - p_2 - 4p_3 & 6p_3 \\ 6p_3 & 6p_3 & -12p_3 \end{bmatrix}$$

那么在切换拓扑条件下的多智能体系统式(4.3)获得保成本一致。在这种情况下,可确定性能指标函数的一个保成本上界为

$$J_{\mathrm{C}}^* = \boldsymbol{x}^{\mathrm{T}}(0)(\tau\eta k^2 \boldsymbol{L}_0^2 + p_1\boldsymbol{Y} + p_2\tau\boldsymbol{Y})\boldsymbol{x}(0)$$

其中,$\boldsymbol{Y} = \boldsymbol{I}_N - \mathbf{1}_N \mathbf{1}_N^{\mathrm{T}}/N$,$\boldsymbol{L}_0$ 表示时间间隔 $t \in [t_0, t_1)$ 内作用拓扑的拉普拉斯矩阵。

证明:证明过程与定理 4.1 的证明过程相似,在此略去。需要说明的是,对于切换拓扑情形,由于在时间间隔 $t \in [t_0, t_1)$ 内 $\rho = \tau\boldsymbol{x}^{\mathrm{T}}(0)\boldsymbol{L}_0^2\boldsymbol{x}(0)$,从而可得切换拓扑情形中性能指标函数的上界与时间间隔 $t \in [t_0, t_1)$ 内作用拓扑的拉普拉斯矩阵有关。

注释 4.2:对比定理 4.2 和定理 4.1 中的保成本上界 J_{C}^* ,由于定理 4.2 中考虑了时间延迟 τ 对保成本一致的影响,两个结果的差别是由时间延迟 τ 引入的。从而,可以将定理 3.1 中的 J_{C}^* 看成定理 4.2 中 J_{C}^* 在 $\tau = 0$ 时的一个特例。

推论 4.2:当切换拓扑条件下的多智能体系统式(4.3)获得保成本一致时,多智能体系统的一致值为

$$\alpha = \frac{1}{N}\sum_{i=1}^{N} x_i(0)$$

注释 4.3:定理 4.1 和定理 4.2 分别给出了固定拓扑和切换拓扑条件下的保成本一致性控制的判据。可以看出,这些结论只与作用拓扑集合中所有拉普拉斯矩阵的最小非零特征值和最大特征值有关。因此,只需要判断两个 3 维矩阵是否负定,对运算资源的需求较低。

注释 4.4:当多智能体系统式(4.3)获得保成本一致时,本节提供了确定保成本上界 J_{C}^* 和一致值 α 的方法。可以看出,保成本上界 J_{C}^* 与初始状态 $\boldsymbol{x}(0)$ 和常数时间延迟 τ 有关,这说明时间延迟对多智能体系统的一致性调节

性能有直接影响。从定理 4.1 和推论 4.1 的证明过程来看，由于 $\boldsymbol{x}_{\mathrm{r}}(t)$ 是渐近稳定的，表明一致值 α 只由 $\boldsymbol{x}_{\mathrm{c}}(t)$ 决定。可以说，$\boldsymbol{x}_{\mathrm{c}}(t)$ 决定了多智能体系统的整体宏观运动特性，而 $\boldsymbol{x}_{\mathrm{r}}(t)$ 决定的是各智能体之间的状态差量的变化趋势，即相对运动特性。另外，推论 4.1 和推论 4.2 说明时间延迟 τ、性能指标函数 J_{C} 以及切换拓扑对一致值 α 没有影响。

4.2.3 数值仿真与分析

考虑一个由 8 个智能体组成的一阶多智能体系统，各个智能体编号为 1～8，且每个智能体的动力学特性都由式(4.1)描述。设该多智能体系统的初始状态为

$$\boldsymbol{x}(0)=[0.6 \quad -1.3 \quad 0.8 \quad -0.5 \quad 0.1 \quad -0.4 \quad 1.2 \quad -1.8]^{\mathrm{T}}$$

图 4.1 中给出了作用拓扑集合 $\Gamma=\{G_1,G_2,G_3,G_4\}$，其中包含 4 个可能的作用拓扑，即 $\mathcal{I}_M=\{1,2,3,4\}$，从图中可以看出各个作用拓扑是连通的。不失一般性，假设所有作用拓扑的各条边的权重均为 1，从而各个作用拓扑的拉普拉斯矩阵都是 0－1 矩阵。

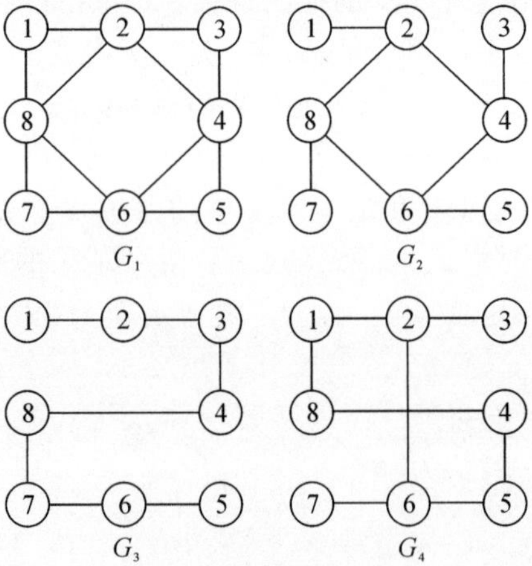

图 4.1 作用拓扑集合

例 4.1(固定拓扑情形)：在此例中，设多智能体系统的作用拓扑为拓扑集合 Γ 中的 G_4。可以计算得到，G_4 的拉普拉斯矩阵 $\boldsymbol{L}_4$ 的最小非零特征值为 $\lambda_2=0.5858$，而最大特征值为 $\lambda_N=4.7321$。对于性能指标函数，任意选择参数 $\gamma=0.3$ 和 $\eta=0.7$。假设一致性控制协议式(4.2)中的时间延迟为 $\tau=0.1\ \mathrm{s}$。

根据定理 4.1 可知，选择参数 $p_1=2.2$，$p_2=0.2$，$p_3=12.5$ 和控制增益

$k=0.55$ 能够保证 $\boldsymbol{\Xi}_i<\mathbf{0}(i=2,N)$ 。图 4.2 给出了各智能体的状态曲线，可以看出所有智能体的状态都收敛于一个共同的值。图 4.3 给出了性能指标函数 J_C 的变化曲线与保成本上界 J_C^* 之间的关系，容易看出始终有 $J_C \leqslant J_C^*$ 。

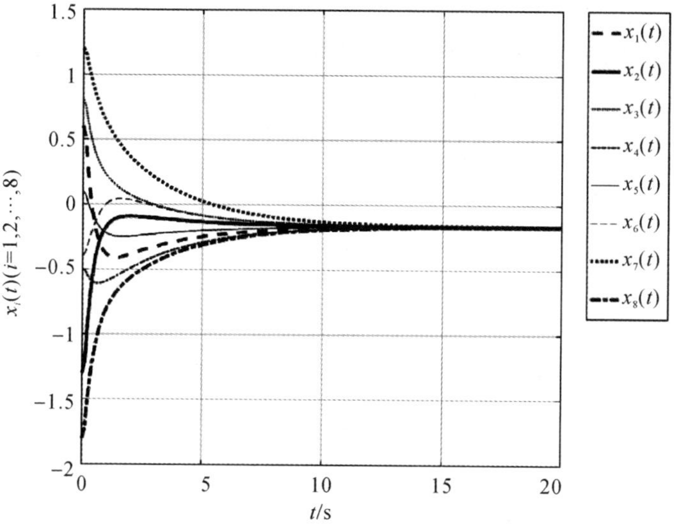

图 4.2　固定拓扑且有常数延迟条件下各智能体的状态变量曲线

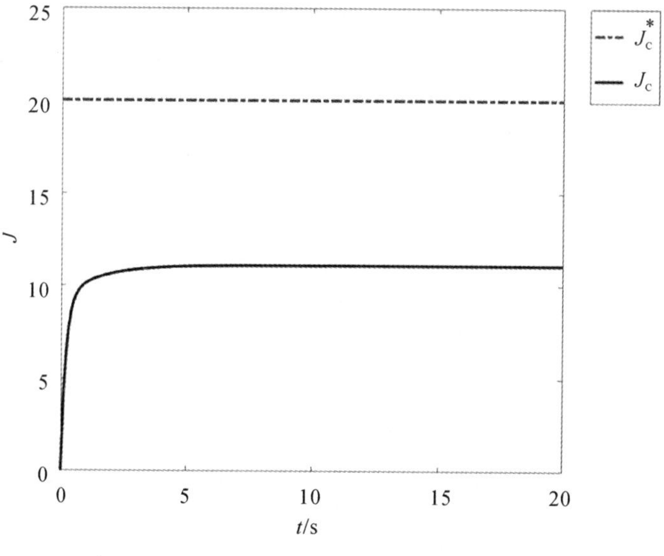

图 4.3　性能指标函数与保成本上界的关系图

根据定义 4.1 可知，该存在常数延迟的多智能体系统在固定拓扑 G_4 的作用下获得了保成本一致。在这种情况下，由推论 4.1 得出一致值为 $\alpha = -0.1625$，由定理 4.1 计算出的保成本上界为 $J_{\mathrm{C}}^{*} = 20.0176$，这与图 4.2 和图 4.3 中的结果吻合。

例 4.2(固定拓扑且有不同 γ 和 η 的情形)：由性能指标函数式(4.4)可以定义在时刻 T 该多智能体系统的性能指标为

$$J_{\mathrm{C}}(T) \stackrel{\mathrm{def}}{=} J_{\mathrm{C}x}(T) + J_{\mathrm{C}u}(T) \tag{4.38}$$

其中

$$J_{\mathrm{C}x}(T) \stackrel{\mathrm{def}}{=} 2\gamma \int_0^T \boldsymbol{x}^{\mathrm{T}}(t)\boldsymbol{L}\boldsymbol{x}(t)\mathrm{d}t$$

$$J_{\mathrm{C}u}(T) \stackrel{\mathrm{def}}{=} \eta k^2 \int_0^T \boldsymbol{x}^{\mathrm{T}}(t)\boldsymbol{L}^2\boldsymbol{x}(t)\mathrm{d}t + \rho\eta k^2$$

且 $\rho = \tau \boldsymbol{x}^{\mathrm{T}}(0)\boldsymbol{L}^2\boldsymbol{x}(0)$。同时，利用性能指标差量 $\Delta J \stackrel{\mathrm{def}}{=} J_{\mathrm{C}}^{*} - J_{\mathrm{C}}(T)$ 表示结论的保守性。

在此例中，作用拓扑为拓扑集合 Γ 中的 G_4，一致性控制协议式(4.2)中的时间延迟为 $\tau = 0.1\ \mathrm{s}$，仿真时长为 $T = 20\ \mathrm{s}$。考虑 6 组不同的性能指标函数参数 γ 和 η，分析 $J_{\mathrm{C}x}(T)$ 和 $J_{\mathrm{C}u}(T)$ 之间的关系。表 4.1 中给出了 $J_{\mathrm{C}x}(T)$ 和 $J_{\mathrm{C}u}(T)$，其中第 1 组数据为例 4.1。根据定理 4.1 和例 4.1 可知，对于上述 6 组不同的 γ 和 η，选择参数 $p_1 = 2.2, p_2 = 0.2, p_3 = 12.5$ 和控制增益 $k = 0.55$ 均能够保证该多智能体系统获得保成本一致。从表中可以看出，$J_{\mathrm{C}x}$ 和 $J_{\mathrm{C}u}$ 在 J_{C} 中的占比与参数 γ 和 η 的相对大小有关，并且保成本上界 J_{C}^{*} 的保守性不相同。

表 4.1 不同参数情况下的 $J_{\mathrm{C}x}(T)$ 和 $J_{\mathrm{C}u}(T)$，$T = 20\ \mathrm{s}$

No.	1	2	3	4	5	6
η	0.7	0.75	0.8	0.85	0.9	0.95
γ	0.3	0.25	0.2	0.15	0.1	0.05
$J_{\mathrm{C}u}(T)$	6.1455	6.5845	7.0234	7.4624	7.9013	8.3403
$J_{\mathrm{C}x}(T)$	4.9589	4.1324	3.3059	2.4795	1.6530	0.8265
J_{C}^{*}	20.0176	20.2692	20.5209	20.7725	21.0242	21.2758

例 4.3(固定拓扑且有不同 τ 的情形)：为了讨论时间延迟对结论的影响，给定参数 $\eta = 0.7, \gamma = 0.3$ 和 $k = 0.45$。此例中作用拓扑为拓扑集合 Γ 中的

G_4，仿真时长为 $T=20$ s。表 4.2 由定理 4.1 选择 6 组不同的参数 p_1，p_2，p_3，并在此基础上仿真后得到对应的 $J_{Cx}(T)$ 和 $J_{Cu}(T)$。从表中可以看出 J_C^* 的保守性与时间延迟的大小成正比。

例 4.4(切换拓扑情形)：此例验证定理 4.2 和推论 4.2 的结论，多智能体系统的作用拓扑为切换拓扑，所有可能的作用拓扑包含在拓扑集合 Γ 内。可以计算得到，拓扑集合 Γ 内的所有拉普拉斯矩阵的最小非零特征值为 $\tilde{\lambda}_2=0.1522$，而最大特征值为 $\tilde{\lambda}_N=5.8910$。设多智能体系统的作用拓扑在 $\Gamma=\{G_1,G_2,G_3,G_4\}$ 的 4 个拓扑图中任意切换，且设各作用拓扑的驻留时间为 $T_d=1$ s。性能指标函数的比例参数仍选择 $\gamma=0.3$ 和 $\eta=0.7$，一致性控制协议式(4.2)中的时间延迟为 $\tau=0.1$ s。

表 4.2　不同常数延迟情况下的 $J_{Cx}(T)$ 和 $J_{Cu}(T)$，$T=20$ s

No.	1	2	3	4	5	6
τ	0.02	0.04	0.06	0.08	0.10	0.12
p_1	1.55	1.69	1.83	1.96	2.10	2.23
p_2	0.05	0.05	0.05	0.05	0.05	0.05
p_3	32.5	16.5	11.8	10.2	9.2	8.1
$J_{Cu}(T)$	3.2061	3.3050	3.4075	3.5139	3.6244	3.7393
$J_{Cx}(T)$	4.9962	4.8851	4.7782	4.6757	4.5779	4.4851
J_C^*	11.9956	13.5149	15.0342	16.4792	17.9985	19.4435

由定理 4.2 可知，参数 $p_1=3.4$，$p_2=0.2$，$p_3=9.5$ 和控制增益 $k=0.2$ 能够保证 $\boldsymbol{\Xi}_i<\mathbf{0}(i=2,N)$。图 4.4 显示所有智能体的状态曲线存在切变的情况，且都收敛于一个共同的值，与固定拓扑情形中的图 4.2 相比可以看出切换过程对各状态的影响。

图 4.5 中显示了性能指标函数 J_C 的变化趋势与保成本上界 J_C^* 之间的关系满足 $J_C\leqslant J_C^*$。与固定拓扑情况中的图 4.3 相比，可以看出性能指标函数 J_C 的上升趋势略缓慢，这是由于控制增益更小导致的。图 4.6 中给出的是此次仿真中的切换信号 $\sigma(t)$。根据定义 4.1 可知，该存在常数时间延迟的多智能体系统在切换拓扑条件下获得了保成本一致，此时的保成本上界为 $J_C^*=26.1321$，通过推论 4.1 得出的一致值为 $\alpha=-0.1625$，这与图 4.4 和图 4.5 中的结果吻合。

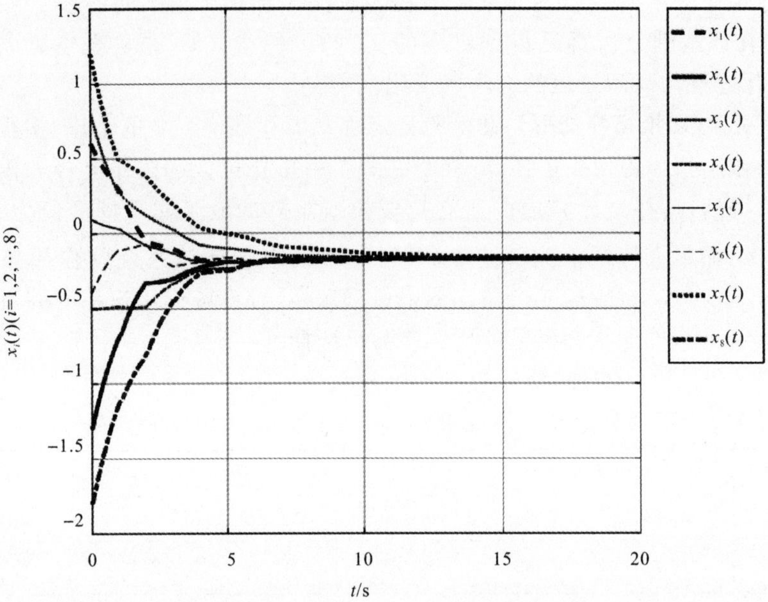

图 4.4　切换拓扑且有常数延迟条件下各智能体的状态变量曲线

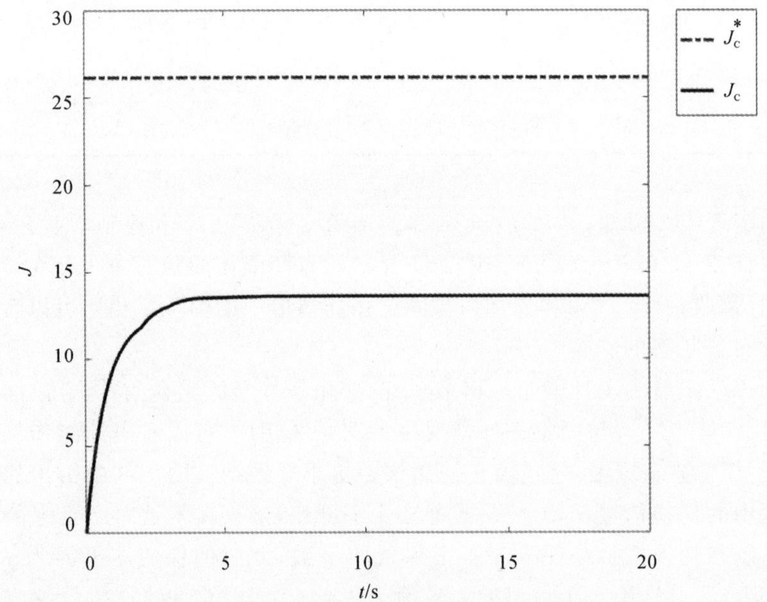

图 4.5　性能指标函数与保成本上界的关系图

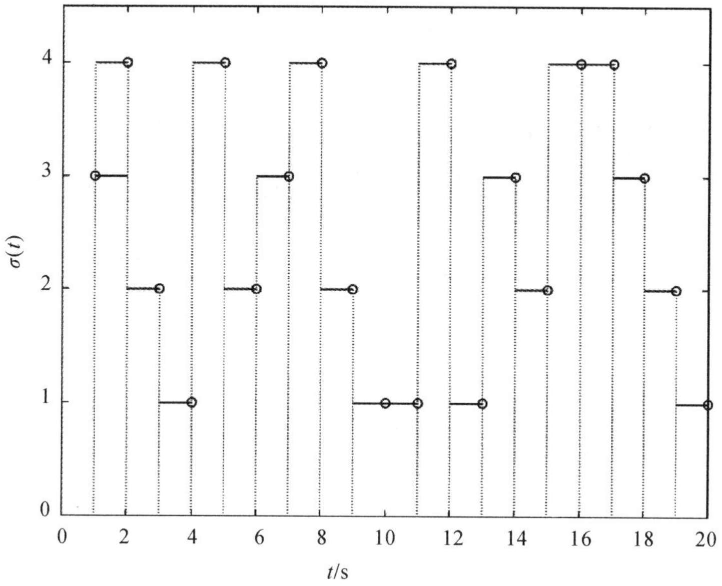

图 4.6　常数延迟条件下的切换信号

4.3　时变延迟条件下高阶保成本一致性控制

4.2 节分析了存在常数延迟的一阶多智能体系统的保成本一致性控制，其中各智能体被描述成一阶积分器形式，且各时间延迟均为常数时间延迟。由于各智能体的运动状态可能发生变化、智能体之间的信息交换通道可能受到阻塞或传输介质的物理特性发生变化，导致时间延迟是时变的。同时，在很多实际应用中只用一阶积分器并不能完整描述各智能体的动态性能。本节将把 4.2 节的结论推广到更为一般的形式，将保成本控制思想引入时变延迟条件下高阶多智能体系统一致性控制，讨论存在时变延迟的高阶多智能体系统保成本一致性控制问题，分析时变延迟对多智能体系统保成本一致性控制的影响，并给出数值仿真对结论进行验证。

4.3.1　时变延迟条件下保成本一致性控制问题描述

在实际工程应用中，一般的多智能体系统都可以由多个被描述为一般形式的高阶智能体构成。因而，本节考虑一个由 N 个同构高阶智能体组成的多智能体系统，N 可以是有限的任意正整数，则该高阶多智能体系统的编号集

合可记为 $\mathcal{I}_N = \{1,2,\cdots,N\}$ 。各智能体可描述为如下一般状态空间型动力学方程：

$$\dot{\boldsymbol{x}}_i(t) = \boldsymbol{A}\boldsymbol{x}_i(t) + \boldsymbol{B}\boldsymbol{u}_i(t) \tag{4.39}$$

其中 $i \in \mathcal{I}_N$;$\boldsymbol{A} \in \mathbf{R}^{d\times d}$,$\boldsymbol{B} \in \mathbf{R}^{d\times m}$ 为智能体 i 的系统参数矩阵；$\boldsymbol{x}_i(t) \in \mathbf{R}^d$ 表示智能体 i 的状态变量；$\boldsymbol{u}_i(t) \in \mathbf{R}^m$ 是智能体 i 的一致性控制输入。令多智能体系统的全局状态变量为 $\boldsymbol{x}(t) \in \mathbf{R}^{Nd}$,全局控制输入为 $\boldsymbol{u}(t) \in \mathbf{R}^{Nm}$,则有

$$\boldsymbol{x}(t) = [\boldsymbol{x}_1^{\mathrm{T}}(t) \quad \boldsymbol{x}_2^{\mathrm{T}}(t) \quad \cdots \quad \boldsymbol{x}_N^{\mathrm{T}}(t)]^{\mathrm{T}}$$

$$\boldsymbol{u}(t) = [\boldsymbol{u}_1^{\mathrm{T}}(t) \quad \boldsymbol{u}_2^{\mathrm{T}}(t) \quad \cdots \quad \boldsymbol{u}_N^{\mathrm{T}}(t)]^{\mathrm{T}}$$

从而,多智能体系统式(4.39)的全局状态方程可被描述为

$$\dot{\boldsymbol{x}}(t) = (\boldsymbol{I}_N \otimes \boldsymbol{A})\boldsymbol{x}(t) + (\boldsymbol{I}_N \otimes \boldsymbol{B})\boldsymbol{u}(t) \tag{4.40}$$

考虑到实际智能体之间的通信过程和各智能体自身信息处理过程中通常存在时间延迟,并且时间延迟往往是时变的。因而,设计如下一致性控制协议：

$$\boldsymbol{u}_i(t) = \boldsymbol{K}\sum_{j\in\mathcal{N}_i} w_{ij}\{\boldsymbol{x}_j[t-\tau(t)] - \boldsymbol{x}_i[t-\tau(t)]\} \tag{4.41}$$

其中, $i,j \in \mathcal{I}_N$;$\boldsymbol{K} \in \boldsymbol{R}^{m\times d}$ 表示增益矩阵；$\mathcal{N}_i$ 表示智能体 i 的邻居集；w_{ij} 是智能体 j 对智能体 i 的作用权重；$\tau(t)$ 表示智能体之间相互信息交换过程中连续可微的时变时间延迟。对于时变延迟 $\tau(t)$,满足 $0 \leqslant \tau(t) \leqslant \tau_{\max}$ 和 $|\dot{\tau}(t)| \leqslant \ell < 1$,其中 $\tau_{\max}$ 和ℓ是两个已知的常数。另外,本节考虑的作用拓扑可描述为固定无向作用拓扑 G ,且其拉普拉斯矩阵为 $\boldsymbol{L}$。从多智能体系统的全局来看,一致性控制协议可写为

$$\boldsymbol{u}(t) = -(\boldsymbol{L} \otimes \boldsymbol{K})\boldsymbol{x}[t-\tau(t)] \tag{4.42}$$

从而,多智能体系统式(4.40)在一致性控制协议式(4.42)作用下可被描述为如下全局状态方程：

$$\dot{\boldsymbol{x}}(t) = (\boldsymbol{I}_N \otimes \boldsymbol{A})\boldsymbol{x}(t) - (\boldsymbol{L} \otimes \boldsymbol{BK})\boldsymbol{x}[t-\tau(t)] \tag{4.43}$$

其中, $\boldsymbol{x}(t) = \boldsymbol{x}(0)$;$t \in [-\tau_{\max},0]$ 。

令 $\delta_{ij}(t) = \boldsymbol{x}_j(t) - \boldsymbol{x}_i(t)(i,j \in \mathcal{I}_N)$ 表示智能体 j 与智能体 i 之间的状态差,对于任意给定的对称正定矩阵 $\boldsymbol{Q}_x \in \mathbf{R}^{d\times d}$ 和 $\boldsymbol{Q}_u \in \mathbf{R}^{m\times m}$,定义如下性能指标函数：

$$J_{\mathrm{C}} = J_{\mathrm{C}x} + J_{\mathrm{C}u} \tag{4.44}$$

其中

$$J_{\mathrm{C}x} = \int_0^{\infty}\left\{\sum_{i=1}^{N}\sum_{j=1}^{N} w_{ij}[\boldsymbol{\delta}_{ij}^{\mathrm{T}}(t)\boldsymbol{Q}_x\boldsymbol{\delta}_{ij}(t)]\right\}\mathrm{d}t$$

$$J_{\mathrm{C}u} = \int_0^{\infty}\sum_{i=1}^{N}\boldsymbol{u}_i^{\mathrm{T}}(t)\boldsymbol{Q}_u\boldsymbol{u}_i(t)\mathrm{d}t$$

从多智能体系统的全局来看，性能指标函数式(4.44)可写为

$$J_{\mathrm{C}}=\int_0^{\infty}[\boldsymbol{x}^{\mathrm{T}}(t)(2\boldsymbol{L}\otimes\boldsymbol{Q}_x)\boldsymbol{x}(t)+\boldsymbol{x}^{\mathrm{T}}(t-\tau(t))(\boldsymbol{L}^2\otimes\boldsymbol{K}^{\mathrm{T}}\boldsymbol{Q}_u\boldsymbol{K})\boldsymbol{x}(t-\tau(t))]\mathrm{d}t \tag{4.45}$$

考虑到性能指标函数式(4.45)，分别给出时变延迟条件下多智能体系统保成本一致和可获得保成本一致的定义。

定义 4.3：对于一个增益矩阵 $\boldsymbol{K}$ 和任意给定的对称正定矩阵 $\boldsymbol{Q}_x$ 和 $\boldsymbol{Q}_u$，如果存在一个与初始状态 $\boldsymbol{x}(0)$ 相关的向量函数 $\boldsymbol{c}(t)\in\mathbf{R}^d$ 使得 $\lim\limits_{t\to\infty}(\boldsymbol{x}(t)-\boldsymbol{1}_N\otimes\boldsymbol{c}(t))=\boldsymbol{0}$ 且存在一个正数 J_{C}^* 使得 $J_{\mathrm{C}}\leqslant J_{\mathrm{C}}^*$，那么称受性能指标函数式(4.45)约束的多智能体系统式(4.40)在一致性控制协议式(4.42)作用下获得了保成本一致，并称 $\boldsymbol{c}(t)$ 为多智能体系统式(4.40)在一致性控制协议式(4.42)作用下的一致函数，J_{C}^* 称为性能指标函数式(4.45)的一个保成本上界。

定义 4.4：对于任意给定的对称正定矩阵 $\boldsymbol{Q}_x$ 和 $\boldsymbol{Q}_u$，如果存在增益矩阵 $\boldsymbol{K}$ 使得多智能体系统式(4.43)能够获得保成本一致，那么称受性能指标函数式(4.45)约束的多智能体系统式(4.40)在一致性控制协议式(4.42)作用下可获得保成本一致。

注释 4.5：在性能指标函数式(4.44)中，$J_{\mathrm{C}x}$ 可以被看作一致性控制过程中的一致性调节性能，而 $J_{\mathrm{C}u}$ 代表在控制过程中所消耗的能量。对于一致性调节性能 $J_{\mathrm{C}x}$，由于其系数考虑为作用拓扑各边的作用权重 w_{ij}，即智能体之间存在信息交换时才对 $J_{\mathrm{C}x}$ 有影响，反之则没有影响。从而，性能指标函数式(4.44)能够表征多智能体系统的分布式特征。同时，可以看出性能指标函数也受到时变延迟的影响。

注释 4.6：在实际的多智能体系统中，虽然自身延迟和通信延迟通常并不相等，但在有的情况下为了便于介绍可以取二者共同的时变延迟上界。从而，在一致性控制协议式(4.42)中，各智能体的自身延迟和通信延迟均取为时变的时间延迟 $\tau(t)$。

4.3.2　时变延迟条件下保成本一致性控制分析与设计

从上述问题和定义来看，本节的重点在于分析时变延迟对保成本一致性控制的影响。令 $\lambda_i(i\in\mathcal{I}_i)$ 表示 $\boldsymbol{L}$ 的 N 个特征值，并且满足 $0=\lambda_1<\lambda_2\leqslant\cdots\leqslant\lambda_N$。由拉普拉斯矩阵的结构特性可知，存在一个正交矩阵

$$\boldsymbol{U}=\begin{bmatrix}\dfrac{1}{\sqrt{N}} & \dfrac{\mathbf{1}_{N-1}^{\mathrm{T}}}{\sqrt{N}}\\ \dfrac{\mathbf{1}_{N-1}}{\sqrt{N}} & \bar{\boldsymbol{U}}\end{bmatrix}$$

使得

$$\boldsymbol{\Lambda}=\boldsymbol{U}^{\mathrm{T}}\boldsymbol{L}\boldsymbol{U}=\operatorname{diag}\{0,\boldsymbol{\Lambda}_{\lambda}\}\tag{4.46}$$

式(4.46)中的 $\boldsymbol{\Lambda}_{\lambda}=\operatorname{diag}\{\lambda_2,\lambda_3,\cdots,\lambda_N\}$ 。在式(4.46)矩阵分解的基础上，令多智能体系统式(4.43)的状态变量满足如下变换：

$$\boldsymbol{\kappa}(t)=(\boldsymbol{U}^{\mathrm{T}}\otimes\boldsymbol{I}_d)\boldsymbol{x}(t)=[\boldsymbol{\kappa}_{\mathrm{c}}^{\mathrm{T}}(t)\quad\boldsymbol{\kappa}_{\mathrm{r}}^{\mathrm{T}}(t)]^{\mathrm{T}}\tag{4.47}$$

其中，$\boldsymbol{\kappa}_{\mathrm{c}}(t)\in\mathbf{R}^d$ 和 $\boldsymbol{\kappa}_{\mathrm{r}}(t)=[\boldsymbol{\kappa}_1^{\mathrm{T}}(t)\quad\boldsymbol{\kappa}_2^{\mathrm{T}}(t)\quad\cdots\quad\boldsymbol{\kappa}_{N-1}^{\mathrm{T}}(t)]^{\mathrm{T}}\in\mathbf{R}^{(N-1)d}$。利用式(4.47) 的状态变换，存在时变延迟的多智能体系统式(4.43) 可被分解为

$$\dot{\boldsymbol{\kappa}}_{\mathrm{c}}(t)=\boldsymbol{A}\boldsymbol{\kappa}_{\mathrm{c}}(t)\tag{4.48}$$

$$\dot{\boldsymbol{\kappa}}_{\mathrm{r}i}(t)=\boldsymbol{A}\boldsymbol{\kappa}_{\mathrm{r}i}(t)-\lambda_i\boldsymbol{B}\boldsymbol{K}\boldsymbol{\kappa}_{\mathrm{r}i}(t-\tau(t))\tag{4.49}$$

式(4.49)中 $i=2,3,\cdots,N$ 。同理，性能指标函数式(4.45)可被变换为

$$J_{\mathrm{C}}=\sum_{i=2}^{N}\int_0^{\infty}(2\lambda_i\boldsymbol{\kappa}_{\mathrm{r}i}^{\mathrm{T}}(t)\boldsymbol{Q}_x\boldsymbol{\kappa}_{\mathrm{r}i}(t)+\lambda_i^2\boldsymbol{\kappa}_{\mathrm{r}i}^{\mathrm{T}}(t-\tau(t))\boldsymbol{K}^{\mathrm{T}}\boldsymbol{Q}_u\boldsymbol{K}\boldsymbol{\kappa}_{\mathrm{r}i}(t-\tau(t)))\mathrm{d}t\tag{4.50}$$

在得到主要结论的过程中，将会利用到下面的引理。

引理 4.2[196]：设 $\boldsymbol{\kappa}(t)\in\mathbf{R}^d$ 为一个连续可微的向量函数，那么对于任意的矩阵 $\boldsymbol{\Phi}_1,\boldsymbol{\Phi}_2\in\mathbf{R}^d$，$\boldsymbol{W}=\boldsymbol{W}^{\mathrm{T}}>\mathbf{0}$ 和时变延迟 $\tau(t)\geqslant 0$，下面的积分不等式成立：

$$-\int_{t-\tau(t)}^{t}\dot{\boldsymbol{\kappa}}^{\mathrm{T}}(s)\boldsymbol{W}^{\mathrm{T}}\dot{\boldsymbol{\kappa}}(s)\mathrm{d}s\leqslant\boldsymbol{\chi}^{\mathrm{T}}(t)\boldsymbol{\Phi}_a\boldsymbol{\chi}(t)+\tau_{\max}\boldsymbol{\chi}^{\mathrm{T}}(t)\boldsymbol{\Phi}_b^{\mathrm{T}}\boldsymbol{W}^{-1}\boldsymbol{\Phi}_b\boldsymbol{\chi}(t)$$

其中

$$\boldsymbol{\chi}(t)=\begin{bmatrix}\boldsymbol{\kappa}(t)\\ \boldsymbol{\kappa}(t-\tau(t))\end{bmatrix},\quad\boldsymbol{\Phi}_a=\begin{bmatrix}\boldsymbol{\Phi}_1^{\mathrm{T}}+\boldsymbol{\Phi}_1 & -\boldsymbol{\Phi}_1^{\mathrm{T}}+\boldsymbol{\Phi}_2\\ * & -\Phi_2^{\mathrm{T}}-\boldsymbol{\Phi}_2\end{bmatrix},\quad\boldsymbol{\Phi}_b=[\boldsymbol{\Phi}_1,\boldsymbol{\Phi}_2]$$

下面的定理给出了高阶多智能体系统在存在时变延迟条件下获得保成本一致的充分条件。

定理 5.3：假设多智能体系统的无向固定拓扑 G 是连通的，如果存在 2 个任意的矩阵 $\boldsymbol{\Phi}_1,\boldsymbol{\Phi}_2\in\mathbf{R}^d$ 及 3 个 $d\times d$ 维实矩阵 $\boldsymbol{P}=\boldsymbol{P}^{\mathrm{T}}>\mathbf{0}$，$\boldsymbol{R}=\boldsymbol{R}^{\mathrm{T}}>\mathbf{0}$ 和 $\boldsymbol{W}=\boldsymbol{W}^{\mathrm{T}}>\mathbf{0}$ 使得矩阵不等式

$$\boldsymbol{\Omega}_i=\begin{bmatrix}\boldsymbol{\Omega}_{i11} & \boldsymbol{\Omega}_{i12}\\ * & \boldsymbol{\Omega}_{i22}\end{bmatrix}<\mathbf{0}\quad(i=2,N)$$

可行，那么多智能体系统式(4.43)获得保成本一致。其中

$$\boldsymbol{\Omega}_{i11}=\begin{bmatrix}\boldsymbol{\Omega}_{111} & \boldsymbol{\Omega}_{i112} & \tau_{\max}A^{\mathrm{T}}W\\ * & \boldsymbol{\Omega}_{122} & -\tau_{\max}\lambda_i\boldsymbol{K}^{\mathrm{T}}\boldsymbol{B}^{\mathrm{T}}\boldsymbol{W}\\ * & * & -\tau_{\max}\boldsymbol{W}\end{bmatrix},\quad \boldsymbol{\Omega}_{i12}=\begin{bmatrix}\tau_{\max}\boldsymbol{\Phi}_1^{\mathrm{T}} & 2\lambda_i\boldsymbol{Q}_x & \boldsymbol{0}\\ \tau_{\max}\boldsymbol{\Phi}_2^{\mathrm{T}} & \boldsymbol{0} & \lambda_i\boldsymbol{K}^{\mathrm{T}}\boldsymbol{Q}_u\\ \boldsymbol{0} & \boldsymbol{0} & \boldsymbol{0}\end{bmatrix}$$

$$\boldsymbol{\Omega}_{i22}=\mathrm{diag}\{-\tau_{\max}\boldsymbol{W},-2\lambda_i\boldsymbol{Q}_x,-\boldsymbol{Q}_u\},\quad \boldsymbol{\Omega}_{111}=\boldsymbol{A}^{\mathrm{T}}\boldsymbol{P}+\boldsymbol{PA}+\boldsymbol{R}+\boldsymbol{\Phi}_1^{\mathrm{T}}+\boldsymbol{\Phi}_1$$

$$\boldsymbol{\Omega}_{i112}=-\lambda_i\boldsymbol{PBK}-\boldsymbol{\Phi}_1^{\mathrm{T}}+\Phi_2,\quad \boldsymbol{\Omega}_{122}=(\ell-1)\boldsymbol{R}-\boldsymbol{\Phi}_2^{\mathrm{T}}-\boldsymbol{\Phi}_2$$

证明:首先,根据式(4.47)令

$$\boldsymbol{x}_{\mathrm{c}}(t)=(\boldsymbol{U}\otimes\boldsymbol{I}_d)[\boldsymbol{\kappa}_{\mathrm{c}}^{\mathrm{T}}(t)\quad\boldsymbol{0}]^{\mathrm{T}}\tag{4.51}$$

$$\boldsymbol{x}_{\mathrm{r}}(t)=(\boldsymbol{U}\otimes\boldsymbol{I}_d)[\boldsymbol{0}\quad\boldsymbol{\kappa}_{\mathrm{r}}^{\mathrm{T}}(t)]^{\mathrm{T}}\tag{4.52}$$

其中,式(4.51)中的 $\boldsymbol{0}\in\mathbf{R}^{1\times(N-1)d}$,式(4.52)中的 $\boldsymbol{0}\in\mathbf{R}^{1\times d}$ 。由正交矩阵 $\boldsymbol{U}$ 可得 $\boldsymbol{x}_{\mathrm{c}}(t)$ 与 $\boldsymbol{x}_{\mathrm{r}}(t)$ 是线性独立的。从而,由式(4.47)可知系统式(4.43)的状态变量 $\boldsymbol{x}(t)$ 满足

$$\boldsymbol{x}(t)=\boldsymbol{x}_{\mathrm{c}}(t)+\boldsymbol{x}_{\mathrm{r}}(t)\tag{4.53}$$

另外,由式(4.51)可得

$$\boldsymbol{x}_{\mathrm{c}}(t)=\frac{1}{\sqrt{N}}(\boldsymbol{1}_N\otimes\boldsymbol{\kappa}_{\mathrm{c}}(t))\tag{4.54}$$

因而,多智能体系统式(4.43)获得一致当且仅当系统式(4.49)渐近稳定。也就是说,下式成立

$$\lim_{t\to\infty}\boldsymbol{\kappa}_{\mathrm{r}i}(t)=\boldsymbol{0}\quad(i=2,3,\cdots,N)\tag{4.55}$$

为证明式(4.55)成立,考虑如下形式的李雅普诺夫-克拉索夫斯基函数:

$$V(\boldsymbol{\kappa}_{\mathrm{r}}(t))=V_1(t)+V_2(t)+V_3(t)\tag{4.56}$$

其中

$$V_1(t)=\sum_{i=2}^{N}\boldsymbol{\kappa}_{\mathrm{r}i}^{\mathrm{T}}(t)\boldsymbol{P}\boldsymbol{\kappa}_{\mathrm{r}i}(t)$$

$$V_2(t)=\sum_{i=2}^{N}\int_{t-\tau(t)}^{t}\boldsymbol{\kappa}_{\mathrm{r}i}^{\mathrm{T}}(s)\boldsymbol{R}\boldsymbol{\kappa}_{\mathrm{r}i}(s)\mathrm{d}s$$

$$V_3(t)=\sum_{i=2}^{N}\int_{-\tau_{\max}}^{0}\int_{t+\theta}^{t}\dot{\boldsymbol{\kappa}}_{\mathrm{r}i}^{\mathrm{T}}(s)\boldsymbol{W}\dot{\boldsymbol{\kappa}}_{\mathrm{r}i}(s)\mathrm{d}s\mathrm{d}\theta$$

考虑 $0\leqslant\tau(t)\leqslant\tau_{\max}$ 和 $|\dot{\tau}(t)|\leqslant\ell<1$,则沿着式(4.49)的状态轨迹对时间 t 求导,可得

$$\dot{V}_1(t)\big|_{(4.49)}=\sum_{i=2}^{N}\left\{\boldsymbol{\kappa}_{\mathrm{r}i}^{\mathrm{T}}(t)(\boldsymbol{A}^{\mathrm{T}}\boldsymbol{P}+\boldsymbol{PA})\boldsymbol{\kappa}_{\mathrm{r}i}(t)-2\lambda_i\boldsymbol{\kappa}_{\mathrm{r}i}^{\mathrm{T}}(t)\boldsymbol{PBK}\boldsymbol{\kappa}_{\mathrm{r}i}[t-\tau(t)]\right\}\tag{4.57}$$

$$\dot{V}_2(t)\big|_{(4.49)}\leqslant\sum_{i=2}^{N}\left\{\boldsymbol{\kappa}_{\mathrm{r}i}^{\mathrm{T}}(t)\boldsymbol{R}\boldsymbol{\kappa}_{\mathrm{r}i}(t)-(1-\ell)\boldsymbol{\kappa}_{\mathrm{r}i}^{\mathrm{T}}(t-\tau(t))\boldsymbol{R}\boldsymbol{\kappa}_{\mathrm{r}i}[t-\tau(t)]\right\}\tag{4.58}$$

$$\dot{V}_3(t)\big|_{(4.49)} = \sum_{i=2}^{N}\left[\tau_{\max}\dot{\boldsymbol{\kappa}}_{ri}^{\mathrm{T}}(t)\boldsymbol{W}\dot{\boldsymbol{\kappa}}_{ri}(t) - \int_{t-\tau_{\max}}^{t}\dot{\boldsymbol{\kappa}}_{ri}^{\mathrm{T}}(s)\boldsymbol{W}\dot{\boldsymbol{\kappa}}_{ri}(s)\mathrm{d}s\right] \tag{4.59}$$

由式(4.49)可知

$$\sum_{i=2}^{N}\left[\tau_{\max}\dot{\boldsymbol{\kappa}}_{ri}^{\mathrm{T}}(t)\boldsymbol{W}\dot{\boldsymbol{\kappa}}_{ri}(t)\right] = \sum_{i=2}^{N}\left[\tau_{\max}\boldsymbol{\chi}_{ri}^{\mathrm{T}}(t)\boldsymbol{H}^{\mathrm{T}}\boldsymbol{W}\boldsymbol{H}\boldsymbol{\chi}_{ri}(t)\right] \tag{4.60}$$

其中，$\boldsymbol{\chi}_{ri}^{\mathrm{T}}(t) = [\boldsymbol{\kappa}_{ri}^{\mathrm{T}}(t) \quad \boldsymbol{\kappa}_{ri}^{\mathrm{T}}(t-\tau(t))]^{\mathrm{T}}$ 且 $\boldsymbol{H} = [\boldsymbol{A} \quad -\lambda_i\boldsymbol{BK}]$。同时，由引理4.2可知

$$\sum_{i=2}^{N}\left[-\int_{t-\tau_{\max}}^{t}\dot{\boldsymbol{\kappa}}_{ri}^{\mathrm{T}}(s)\boldsymbol{W}\dot{\boldsymbol{\kappa}}_{ri}(s)\mathrm{d}s\right] \leqslant \sum_{i=2}^{N}\left[-\int_{t-\tau(t)}^{t}\dot{\boldsymbol{\kappa}}_{ri}^{\mathrm{T}}(s)\boldsymbol{W}\dot{\boldsymbol{\kappa}}_{ri}(s)\mathrm{d}s\right] \leqslant$$
$$\sum_{i=2}^{N}\left[\boldsymbol{\chi}_{ri}^{\mathrm{T}}(t)\boldsymbol{\Phi}_a\boldsymbol{\chi}_{ri}(t) + \tau_{\max}\boldsymbol{\chi}_{ri}^{\mathrm{T}}(t)\boldsymbol{\Phi}_b^{\mathrm{T}}\boldsymbol{W}^{-1}\boldsymbol{\Phi}_b\boldsymbol{\chi}_{ri}(t)\right] \tag{4.61}$$

从而，由式(4.57)～式(4.61)可得

$$\dot{V}(t)\big|_{(4.49)} \leqslant \sum_{i=2}^{N}\boldsymbol{\chi}_{ri}^{\mathrm{T}}(t)\overline{\boldsymbol{\Theta}}_i\boldsymbol{\chi}_{ri}(t) \tag{4.62}$$

其中，$\overline{\boldsymbol{\Theta}}_i = \bar{\boldsymbol{\Delta}}_i + \tau_{\max}\boldsymbol{H}^{\mathrm{T}}\boldsymbol{W}\boldsymbol{H} + \tau_{\max}\boldsymbol{\Phi}_b^{\mathrm{T}}\boldsymbol{W}^{-1}\boldsymbol{\Phi}_b$ 且

$$\bar{\boldsymbol{\Delta}}_i = \begin{bmatrix}\boldsymbol{\Omega}_{111} & \boldsymbol{\Omega}_{i112}\\ * & \boldsymbol{\Omega}_{122}\end{bmatrix}$$

另外，定义

$$\mathfrak{J}(t) \overset{\mathrm{def}}{=} \dot{V}(t)\big|_{(4.49)} + \bar{J}_{\mathrm{C}} \tag{4.63}$$

其中

$$\bar{J}_{\mathrm{C}} = \sum_{i=2}^{N}\left\{2\lambda_i\boldsymbol{\kappa}_{ri}^{\mathrm{T}}(t)\boldsymbol{Q}_x\boldsymbol{\kappa}_{ri}(t) + \lambda_i^2\boldsymbol{\kappa}_{ri}^{\mathrm{T}}[t-\tau(t)]\boldsymbol{K}^{\mathrm{T}}\boldsymbol{Q}_u\boldsymbol{K}\boldsymbol{\kappa}_{ri}[t-\tau(t)]\right\}$$

可以注意到，由于 $\bar{J}_{\mathrm{C}} \geqslant 0$，使得如果 $\mathfrak{J}(t) \leqslant 0$ 就有 $\dot{V}(t)\big|_{(4.49)} \leqslant 0$。因而

$$\mathfrak{J}(t) \leqslant \sum_{i=2}^{N}\boldsymbol{\chi}_{ri}^{\mathrm{T}}(t)\boldsymbol{\Theta}_i\boldsymbol{\chi}_{ri}(t) \tag{4.64}$$

其中，$\boldsymbol{\Theta}_i = \boldsymbol{\Delta}_i + \tau_{\max}\boldsymbol{H}^{\mathrm{T}}\boldsymbol{W}\boldsymbol{H} + \tau_{\max}\boldsymbol{\Phi}_b^{\mathrm{T}}\boldsymbol{W}^{-1}\boldsymbol{\Phi}_b$ 且

$$\boldsymbol{\Delta}_i = \begin{bmatrix}\boldsymbol{\Delta}_{i11} & \boldsymbol{\Omega}_{i112}\\ * & \boldsymbol{\Delta}_{i22}\end{bmatrix}$$

$\boldsymbol{\Delta}_{i11} = \boldsymbol{\Omega}_{111} + 2\lambda_i\boldsymbol{Q}_x$，$\boldsymbol{\Delta}_{i22} = \boldsymbol{\Omega}_{122} + \lambda_i^2\boldsymbol{K}^{\mathrm{T}}\boldsymbol{Q}_u\boldsymbol{K}$。对于式(4.64)中的 $\boldsymbol{\Theta}_i (i = 2,3,\cdots,N)$，由 Schur 补定理可得，如果 $\boldsymbol{\Omega}_i < \boldsymbol{0} (i = 2,3,\cdots,N)$，那么 $\boldsymbol{\Theta}_i < \boldsymbol{0} (i = 2,3,\cdots,N)$。从而，可得 $\mathfrak{J}(t) \leqslant 0$，且只有当且仅当 $\boldsymbol{\kappa}_{ri} \equiv \boldsymbol{0} (i = 2,3,\cdots,N)$ 时才有 $\mathfrak{J}(t) = 0$。由式(4.63)可知 $\dot{V}(t)\big|_{(4.49)} \leqslant 0$，当且仅当 $\boldsymbol{\kappa}_{ri} \equiv \boldsymbol{0} (i = 2,

$3,\cdots,N)$ 时才有 $\dot{V}(t)\big|_{(4.49)}=0$ 。另外，考虑到 LMI 的凸集特性，如果 $\boldsymbol{\Omega}_i<\boldsymbol{0}(i=2,N)$ 即可得到 $\boldsymbol{\Omega}_i<\boldsymbol{0}(i=2,3,\cdots,N)$ 。因此，如果 $\boldsymbol{\Omega}_i<\boldsymbol{0}(i=2,N)$，那么所有子系统式(4.49)同时渐近稳定。

在式(4.63)中，由 $\Im(t)\leqslant 0$ 得到

$$\bar{J}_{\mathrm{C}}\leqslant-\dot{V}(t)\big|_{(4.49)} \tag{4.65}$$

同时考虑到 $\lim\limits_{t\to\infty}V[\boldsymbol{\kappa}_{\mathrm{r}}(t)]=0$ 和式(4.63)中有 $\int_0^{\infty}\bar{J}_{\mathrm{C}}\mathrm{d}t=J_{\mathrm{C}}$ ，对上式由比较原理可得 $J_{\mathrm{C}}\leqslant V(t)\big|_{t=0}=V(0)$ 。

综上所述，由定义 4.3 可知，如果 $\boldsymbol{\Omega}_i<\boldsymbol{0}(i=2,N)$ 可行，则多智能体系统式(4.43)获得保成本一致，并且性能指标函数式(4.45)满足 $J_{\mathrm{C}}\leqslant V(0)$ 。

注释 4.7: 利用状态空间分解法，上述时变延迟条件下高阶多智能体系统的保成本一致问题被转化为 $N-1$ 个时变延迟系统的保成本稳定性问题。需要指出的是，定理 3.3 只需要判断两个 $5d+m$ 维的矩阵 $\boldsymbol{\Omega}_i<0(i=2,N)$ 是否成立。可以看到，矩阵 $\boldsymbol{\Omega}_i(i=2,N)$ 的维数与 N 无关，这有利于多智能体系统智能体数量的扩维，极大地降低了运算资源需要。当 N 很大导致难以求解矩阵 $\boldsymbol{L}$ 的特征值的精确值时，可以利用第 2.3 节中注释 2.9 的方法来估算 $\boldsymbol{L}$ 的最小非零特征值 λ_2 和最大特征值 λ_N 。

当多智能体系统式(4.43)获得保成本一致时，下面的定理给出性能指标函数的一个上界，推论确定一致函数的显示表达式。

定理 5.4: 当存在 $d\times d$ 维实矩阵 $\boldsymbol{P}=\boldsymbol{P}^{\mathrm{T}}>\boldsymbol{0}$ 和 $\boldsymbol{R}=\boldsymbol{R}^{\mathrm{T}}>\boldsymbol{0}$ 使多智能体系统式(4.43)获得保成本一致，保成本上界满足

$$J_{\mathrm{C}}^{*}=\boldsymbol{x}^{\mathrm{T}}(0)[\boldsymbol{Y}\otimes(\boldsymbol{P}+\tau_{\max}\boldsymbol{R})]\boldsymbol{x}(0)$$

其中，$\boldsymbol{Y}=\boldsymbol{I}_N-\boldsymbol{1}_N\boldsymbol{1}_N^{\mathrm{T}}/N$ 。

证明: 从式(4.47)可知

$$\boldsymbol{\kappa}_{\mathrm{r}}(t)=[\boldsymbol{0},\boldsymbol{I}_{(N-1)d}][(\boldsymbol{U}_0^{\mathrm{T}}\otimes\boldsymbol{I}_d)\boldsymbol{x}(t)] \tag{4.66}$$

式(4.66)中的 $\boldsymbol{0}\in\boldsymbol{R}^{(N-1)d\times d}$ 。而由式(4.46)中 $\boldsymbol{U}$ 的结构可得

$$[\boldsymbol{0},\boldsymbol{I}_{(N-1)d}](\boldsymbol{U}^{\mathrm{T}}\otimes\boldsymbol{I}_d)=\left[\frac{\boldsymbol{1}_{N-1}}{\sqrt{N}},\bar{\boldsymbol{U}}\right]\otimes\boldsymbol{I}_d \tag{4.67}$$

从而，由式(4.56)可得

$$V_1(t)=\boldsymbol{x}^{\mathrm{T}}(t)(\boldsymbol{Y}\otimes\boldsymbol{P})\boldsymbol{x}(t) \tag{4.68}$$

$$V_2(t)=\int_{t-\tau(t)}^{t}\boldsymbol{x}^{\mathrm{T}}(s)(\boldsymbol{Y}\otimes\boldsymbol{R})\boldsymbol{x}(s)\mathrm{d}s \tag{4.69}$$

$$V_3(t)=\int_{-\tau_{\max}}^{0}\int_{t+\theta}^{t}\dot{\boldsymbol{x}}^{\mathrm{T}}(t)(\boldsymbol{Y}\otimes\boldsymbol{W})\dot{\boldsymbol{x}}(t)\mathrm{d}s\mathrm{d}\theta \tag{4.70}$$

其中 $\boldsymbol{Y}=\boldsymbol{I}_N-\boldsymbol{1}_N\boldsymbol{1}_N^{\mathrm{T}}/N$ 。由于 $\boldsymbol{x}(t)=\boldsymbol{x}(0),t\in[-\tau_{\max},0]$，因此

$$V_2(0)\leqslant\tau_{\max}\boldsymbol{x}^{\mathrm{T}}(0)(\boldsymbol{Y}\otimes\boldsymbol{R})\boldsymbol{x}(0)\tag{4.71}$$

且

$$V_3(0)=0\tag{4.72}$$

在考虑到 $V_1(0)$ 满足

$$V_1(0)=\boldsymbol{x}^{\mathrm{T}}(0)(\boldsymbol{Y}\otimes\boldsymbol{P})\boldsymbol{x}(0)\tag{4.73}$$

的条件下，由式(4.64)可得

$$J_{\mathrm{C}}\leqslant\boldsymbol{x}^{\mathrm{T}}(0)[(\boldsymbol{Y}\otimes\boldsymbol{P})+\tau_{\max}(\boldsymbol{Y}\otimes\boldsymbol{R})]\boldsymbol{x}(0)\tag{4.74}$$

由定义 4.3 可得定理 4.4。

注释 4.8：由定理 4.4 可知，时变延迟条件下保成本上界 J_{C}^* 只与多智能体系统的初始状态 $\boldsymbol{x}(0)$ 和最大时间延迟 $\tau_{\max}$ 有关。可见，保成本上界与时变延迟条件下各高阶智能体之间作用拓扑的拉普拉斯矩阵 $\boldsymbol{L}$ 无关。然而，定理 4.1 中常数延迟条件下一阶多智能体系统的保成本上界包含拉普拉斯矩阵 $\boldsymbol{L}$，这是两种情形的不同之处。

推论 4.2：当多智能体系统式(4.43)获得保成本一致时，一致函数 $\boldsymbol{c}(t)$ 满足

$$\lim_{t\to\infty}\left[\boldsymbol{c}(t)-\mathrm{e}^{\boldsymbol{A}t}\left(\frac{1}{N}\sum_{i=1}^{N}\boldsymbol{x}_i(0)\right)\right]=0$$

证明：从式(4.48)可知

$$\boldsymbol{\kappa}_{\mathrm{c}}(t)=\mathrm{e}^{\boldsymbol{A}t}\boldsymbol{\kappa}_{\mathrm{c}}(0)\tag{4.75}$$

而由式(4.47)可得

$$\boldsymbol{\kappa}_{\mathrm{c}}(0)=[\boldsymbol{I}_{(N-1)d},\boldsymbol{0},\cdots,\boldsymbol{0}][(\boldsymbol{U}_0^{\mathrm{T}}\otimes\boldsymbol{I}_d)\boldsymbol{x}(0)]=\frac{1}{\sqrt{N}}(\boldsymbol{1}_N^{\mathrm{T}}\otimes\boldsymbol{I}_d)\boldsymbol{x}(0)\tag{4.76}$$

由式(4.75)和式(4.76)可得

$$\boldsymbol{\kappa}_{\mathrm{c}}(t)=\frac{1}{\sqrt{N}}\mathrm{e}^{\boldsymbol{A}t}(\boldsymbol{1}_N^{\mathrm{T}}\otimes\boldsymbol{I}_d)\boldsymbol{x}(0)\tag{4.77}$$

由定理 4.3 的证明过程可得，如果多智能体系统式(4.43)获得保成本一致，那么有 $\lim\limits_{t\to\infty}(\boldsymbol{x}(t)-\boldsymbol{x}_{\mathrm{c}}(t))=\boldsymbol{0}$ 。根据定义 4.3 和式(4.54)可得一致函数 $\boldsymbol{c}(t)$ 满足

$$\lim_{t\to\infty}\left[\boldsymbol{c}(t)-\frac{1}{\sqrt{N}}\boldsymbol{\kappa}_{\mathrm{c}}(t)\right]=\boldsymbol{0}\tag{4.78}$$

综合式(4.77)和式(4.78)可得推论 4.2。

注释 4.9:在现有文献中,文献[92]研究了时变延迟条件下高阶多智能体系统的一致性控制问题,给出了系统获得一致时一致函数的显示表达式,其中的结论表明虽然时变时间延迟 $\tau(t)$ 对系统的一致性有影响,但不影响多智能体系统的整体宏观运动。可以看到,推论 4.2 中给出的一致函数与文献[92]中给出的一致函数等价,这表明本节中引入性能指标函数对多智能体系统的一致函数没有影响,即保成本控制对多智能体系统的整体宏观运动不产生影响,仅对一致性调节性能和控制过程中的能量消耗起到约束作用。

注释 4.10:在定理 4.3 中,当 $\boldsymbol{K}$ 未知时 $\boldsymbol{PBK}$ 和 $\boldsymbol{K}^{\mathrm{T}}\boldsymbol{B}^{\mathrm{T}}\boldsymbol{W}$ 两项是非线性的。正是由于上述非线性项的存在使得很难判断线性矩阵不等式判据 $\boldsymbol{\Omega}_i<\boldsymbol{0}(i=2,N)$ 是否可行,这就需要引入确定增益矩阵 $\boldsymbol{K}$ 的具体方法。

下面,利用变量代换法来为多智能体系统式(4.43)确定增益矩阵。

定理 4.5:对于任意连续可微的时变延迟 $\tau(t)\in[0,\tau_{\max}]$,如果存在 $\widetilde{\boldsymbol{K}}\in\mathbf{R}^{m\times d}$ 和 3 个 $d\times d$ 维实矩阵 $\widetilde{\boldsymbol{P}}=\widetilde{\boldsymbol{P}}^{\mathrm{T}}>\boldsymbol{0}$,$\widetilde{\boldsymbol{R}}=\widetilde{\boldsymbol{R}}^{\mathrm{T}}>\boldsymbol{0}$ 与 $\widetilde{\boldsymbol{W}}=\widetilde{\boldsymbol{W}}^{\mathrm{T}}>\boldsymbol{0}$ 使得矩阵不等式

$$\widetilde{\boldsymbol{\Omega}}_i=\begin{bmatrix}\widetilde{\boldsymbol{\Omega}}_{i11} & \widetilde{\boldsymbol{\Omega}}_{i12}\\ * & \widetilde{\boldsymbol{\Omega}}_{i22}\end{bmatrix}<\boldsymbol{0}\quad(i=2,N)$$

可行,那么在一致性控制协议式(4.42)作用下多智能体系统式(4.40)可获得保成本一致。其中

$$\widetilde{\boldsymbol{\Omega}}_{i11}=\begin{bmatrix}\widetilde{\boldsymbol{\Omega}}_{i111} & \widetilde{\boldsymbol{\Omega}}_{i112} & \widetilde{\boldsymbol{\Omega}}_{i113}\\ * & (\ell-3)\widetilde{\boldsymbol{R}} & -\tau_{\max}\lambda_i\widetilde{\boldsymbol{K}}^{\mathrm{T}}\boldsymbol{B}^{\mathrm{T}}\\ * & * & -\tau_{\max}\widetilde{\boldsymbol{W}}\end{bmatrix}$$

$$\widetilde{\boldsymbol{\Omega}}_{i12}=\begin{bmatrix}\boldsymbol{0} & 2\lambda_i\widetilde{\boldsymbol{P}}\boldsymbol{Q}_x & \lambda_i\widetilde{\boldsymbol{K}}^{\mathrm{T}}\boldsymbol{Q}_u & \widetilde{\boldsymbol{P}}\\ \tau_{\max}\widetilde{\boldsymbol{W}} & \boldsymbol{0} & \lambda_i\widetilde{\boldsymbol{K}}^{\mathrm{T}}\boldsymbol{Q}_u & \boldsymbol{0}\\ \boldsymbol{0} & \boldsymbol{0} & \boldsymbol{0} & \boldsymbol{0}\end{bmatrix}$$

$$\widetilde{\boldsymbol{\Omega}}_{i111}=\boldsymbol{A}\widetilde{\boldsymbol{P}}+\widetilde{\boldsymbol{P}}^{\mathrm{T}}\boldsymbol{A}^{\mathrm{T}}-\lambda_i\boldsymbol{B}\widetilde{\boldsymbol{K}}-\lambda_i\widetilde{\boldsymbol{K}}^{\mathrm{T}}\boldsymbol{B}^{\mathrm{T}}+(\ell-1)\widetilde{\boldsymbol{R}}$$

$$\widetilde{\boldsymbol{\Omega}}_{i112}=\widetilde{\boldsymbol{P}}-\lambda_i\boldsymbol{B}\widetilde{\boldsymbol{K}}+(\ell-2)\widetilde{\boldsymbol{R}}$$

$$\widetilde{\boldsymbol{\Omega}}_{i113}=\tau_{\max}\widetilde{\boldsymbol{P}}\boldsymbol{A}^{\mathrm{T}}-\tau_{\max}\lambda_i\widetilde{\boldsymbol{K}}^{\mathrm{T}}\boldsymbol{B}^{\mathrm{T}}$$

$$\widetilde{\boldsymbol{\Omega}}_{i22}=\mathrm{diag}\{-\tau_{\max}\widetilde{\boldsymbol{W}},-2\lambda_i\boldsymbol{Q}_x,-\boldsymbol{Q}_u,-\widetilde{\boldsymbol{R}}\}$$

在这种情况下,一致性控制协议中的增益矩阵满足 $\boldsymbol{K}=\widetilde{\boldsymbol{K}}\widetilde{\boldsymbol{R}}^{-1}$,保成本上界

满足

$$J_{\mathrm{C}}^{*}=\boldsymbol{x}^{\mathrm{T}}(0)[\boldsymbol{Y}\otimes(\widetilde{\boldsymbol{P}}^{-1}+\tau_{\max}\widetilde{\boldsymbol{R}}^{-1})]\boldsymbol{x}(0)$$

其中，$\boldsymbol{Y}=\boldsymbol{I}_N-\mathbf{1}_N\mathbf{1}_N^{\mathrm{T}}/N$ 。

证明:利用 Schur 补定理可知,定理 4.3 中的 $\boldsymbol{\Omega}_i<\mathbf{0}(i=2,N)$ 等价于

$$\boldsymbol{\Psi}_i=\begin{bmatrix}\boldsymbol{\Psi}_{i11} & \boldsymbol{\Omega}_{i12}\\ * & \boldsymbol{\Omega}_{i22}\end{bmatrix}<\mathbf{0}\quad(i=2,N)\tag{4.79}$$

其中

$$\boldsymbol{\Psi}_{i11}=\begin{bmatrix}\boldsymbol{\Omega}_{111} & \boldsymbol{\Omega}_{i112} & \tau_{\max}\boldsymbol{A}^{\mathrm{T}}\\ * & \boldsymbol{\Omega}_{122} & -\tau_{\max}\lambda_i\boldsymbol{K}^{\mathrm{T}}\boldsymbol{B}^{\mathrm{T}}\\ * & * & -\tau_{\max}\boldsymbol{W}^{-1}\end{bmatrix}$$

令

$$\widetilde{\boldsymbol{A}}_i=\begin{bmatrix}\boldsymbol{A} & -\lambda_i\boldsymbol{BK}\\ \boldsymbol{I}_d & -\boldsymbol{I}_d\end{bmatrix},\quad \boldsymbol{S}=\begin{bmatrix}\boldsymbol{P} & \mathbf{0}\\ \boldsymbol{\Phi}_1 & \boldsymbol{\Phi}_2\end{bmatrix},\quad \boldsymbol{\Lambda}_R=\begin{bmatrix}\boldsymbol{R} & \mathbf{0}\\ \mathbf{0} & (\ell-1)\boldsymbol{R}\end{bmatrix}\tag{4.80}$$

那么,式(4.79)中的 $\boldsymbol{\Psi}_i(i=2,N)$ 可被写为

$$\boldsymbol{\Psi}_i=\begin{bmatrix}\boldsymbol{\Psi}_{i11} & \tau_{\max}\boldsymbol{H}^{\mathrm{T}} & \tau_{\max}\boldsymbol{\Phi}_b^{\mathrm{T}} & \boldsymbol{\Psi}_{i14} & \boldsymbol{\Psi}_{i15}\\ * & -\tau_{\max}\boldsymbol{W}^{-1} & \mathbf{0} & \mathbf{0} & \mathbf{0}\\ * & * & -\tau_{\max}\boldsymbol{W} & \mathbf{0} & \mathbf{0}\\ * & * & * & -2\lambda_i\boldsymbol{Q}_x & \mathbf{0}\\ * & * & * & * & -\boldsymbol{Q}_u\end{bmatrix}\tag{4.81}$$

其中，$\boldsymbol{\Psi}_{i11}=\boldsymbol{S}^{\mathrm{T}}\widetilde{\boldsymbol{A}}_i+\widetilde{\boldsymbol{A}}_i^{\mathrm{T}}\boldsymbol{S}+\boldsymbol{\Lambda}_R$ ，$\boldsymbol{\Psi}_{i14}=[2\lambda_i\boldsymbol{Q}_x\quad \mathbf{0}]^{\mathrm{T}}$ 和 $\boldsymbol{\Psi}_{i15}=[\mathbf{0}\quad \lambda_i\boldsymbol{Q}_u\boldsymbol{K}]^{\mathrm{T}}$ 。在此处,设 $\boldsymbol{\Phi}_1=-\boldsymbol{P}$ 和 $\boldsymbol{\Phi}_2=\boldsymbol{R}$,从而得到矩阵 $\boldsymbol{S}$ 的逆矩阵为

$$\boldsymbol{S}^{-1}=\begin{bmatrix}\boldsymbol{P}^{-1} & \mathbf{0}\\ \boldsymbol{R}^{-1} & \boldsymbol{R}^{-1}\end{bmatrix}\tag{4.82}$$

从而,对式(4.81)中的 $\boldsymbol{\Psi}_i<\mathbf{0}(i=2,N)$ 两端分别左乘 $\boldsymbol{\Pi}^{\mathrm{T}}=\mathrm{diag}\{\boldsymbol{S}^{-\mathrm{T}},\boldsymbol{I}_d,\boldsymbol{W}^{-\mathrm{T}},\boldsymbol{I}_d,\boldsymbol{I}_m\}$ 和右乘 $\boldsymbol{\Pi}=\mathrm{diag}\{\boldsymbol{S}^{-1},\boldsymbol{I}_d,\boldsymbol{W}^{-1},\boldsymbol{I}_d,\boldsymbol{I}_m\}$,可得

$$\widetilde{\boldsymbol{\Psi}}_i=\boldsymbol{\Pi}^{\mathrm{T}}\boldsymbol{\Psi}_i\boldsymbol{\Pi}=\begin{bmatrix}\widetilde{\boldsymbol{\Psi}}_{i11} & \tau_{\max}\boldsymbol{S}^{-\mathrm{T}}\boldsymbol{H}^{\mathrm{T}} & \widetilde{\boldsymbol{\Psi}}_{i13} & \widetilde{\boldsymbol{\Psi}}_{i14} & \widetilde{\boldsymbol{\Psi}}_{i15}\\ * & -\tau_{\max}\boldsymbol{W}^{-1} & \mathbf{0} & \mathbf{0} & \mathbf{0}\\ * & * & -\tau_{\max}\boldsymbol{W}^{-1} & \mathbf{0} & \mathbf{0}\\ * & * & * & -2\lambda_i\boldsymbol{Q}_x & \mathbf{0}\\ * & * & * & * & -\boldsymbol{Q}_u\end{bmatrix}<\mathbf{0}\tag{4.83}$$

其中

$$\widetilde{\boldsymbol{\Psi}}_{i11} = \widetilde{\boldsymbol{A}}_i\boldsymbol{S}^{-1} + \boldsymbol{S}^{-\mathrm{T}}\widetilde{\boldsymbol{A}}_i^{\mathrm{T}} + \boldsymbol{S}^{-\mathrm{T}}\boldsymbol{\Lambda}_R\boldsymbol{S}^{-1},\quad \widetilde{\boldsymbol{\Psi}}_{i13} = [\boldsymbol{0}\quad \tau_{\max}\boldsymbol{W}^{-1}]^{\mathrm{T}}$$

$$\widetilde{\boldsymbol{\Psi}}_{i14} = [2\lambda_i\boldsymbol{Q}_x\boldsymbol{P}^{-1}\quad \boldsymbol{0}]^{\mathrm{T}},\qquad \widetilde{\boldsymbol{\Psi}}_{i15} = [\lambda_i\boldsymbol{Q}_u\boldsymbol{K}\boldsymbol{R}^{-1}\quad \lambda_i\boldsymbol{Q}_u\boldsymbol{K}\boldsymbol{R}^{-1}]^{\mathrm{T}}$$

设 $\widetilde{\boldsymbol{P}} = \boldsymbol{P}^{-1}$，$\widetilde{\boldsymbol{R}} = \boldsymbol{R}^{-1}$，$\widetilde{\boldsymbol{W}} = \boldsymbol{W}^{-1}$，$\widetilde{\boldsymbol{K}} = \boldsymbol{K}\boldsymbol{R}^{-1}$，则由式(4.83)可知，如果线性矩阵不等式 $\widetilde{\boldsymbol{\Omega}}_i < \boldsymbol{0}(i = 2,N)$ 可行，那么线性矩阵不等式 $\boldsymbol{\Psi}_i < \boldsymbol{0}(i = 2,N)$ 成立。

综上所述，若线性矩阵不等式 $\widetilde{\boldsymbol{\Omega}}_i < \boldsymbol{0}(i = 2,N)$ 可行，那么在一致性控制协议式(4.42)作用下多智能体系统式(4.40)可获得保成本一致，且 $\boldsymbol{K} = \widetilde{\boldsymbol{K}}\widetilde{\boldsymbol{R}}^{-1}$。

4.3.3　仿真验证与分析

本节以多主体支撑系统(Multiple agents supporting systems)为例，验证第 4.3.2 节中时变延迟条件下保成本一致性控制相关结论的有效性。考虑一个由 8 个支撑体组成的多主体支撑系统，各个支撑体编号为 1～8，即编号集合为 $\mathcal{I}_N = \{1,2,\cdots,8\}$。系统中每个支撑体的动力学特性可描述为

$$\ddot{h}_i(t) + \frac{\bar{\beta}}{\bar{m}}\dot{h}_i(t) + \frac{\bar{\mu}}{\bar{m}}h_i(t) = u_i(t) \tag{4.84}$$

其中，$i \in \mathcal{I}_N$；$h_i(t)$ 表示各支撑体的高度；$u_i(t)$ 表示各支撑体的控制输入；$\bar{m}$ 是各支撑体的质量；$\bar{\beta}$ 是各支撑体的阻尼系数；$\bar{\mu}$ 是各支撑体的刚性系数。图 4.7 示意了该多主体支撑系统中 3 个支撑体的动力学模型，$h_i(t) - h_j(t)$ 和 $h_j(t) - h_k(t)$ $(i,j,k \in \mathcal{I}_N)$ 表示支撑体之间的高度差。

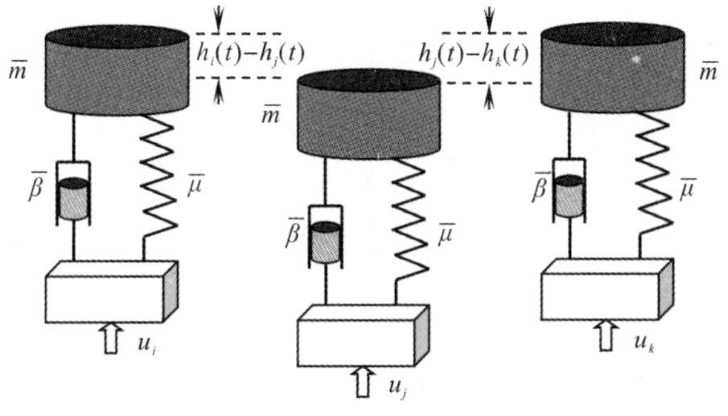

图 4.7　多主体支撑系统动力学模型

针对动力学特性式(4.84)，选择各支撑体的状态变量为 $\boldsymbol{x}_i(t) = [h_i(t)\quad \dot{h}_i(t)]^{\mathrm{T}}$ $(i \in \mathcal{I}_N)$。令多主体支撑系统的全局状态变量为 $\boldsymbol{x}(t) =$

$[\boldsymbol{x}_1^{\mathrm{T}}(t) \quad \boldsymbol{x}_2^{\mathrm{T}}(t) \quad \cdots \quad \boldsymbol{x}_8^{\mathrm{T}}(t)]^{\mathrm{T}}$，则该多主体支撑系统的动力学特性可由式(4.39)来描述，其中系数矩阵满足

$$\boldsymbol{A}=\begin{bmatrix}0 & 1\\ -\dfrac{\bar{\mu}}{\bar{m}} & -\dfrac{\bar{\beta}}{\bar{m}}\end{bmatrix},\quad \boldsymbol{B}=\begin{bmatrix}0\\1\end{bmatrix}$$

本节的仿真条件设各支撑体的参数为 $\bar{m}=1$，$\bar{\mu}=6.2$，$\bar{\beta}=0.8$，则系数矩阵为

$$\boldsymbol{A}=\begin{bmatrix}0 & 1\\ -6.2 & -0.8\end{bmatrix},\quad \boldsymbol{B}=\begin{bmatrix}0\\1\end{bmatrix}$$

在性能指标函数式(4.44)中，任意选定参数矩阵为 $\boldsymbol{Q}_x=0.6\boldsymbol{I}_2$，$Q_u=0.4$。该多主体支撑系统的 8 个支撑体之间的作用拓扑 G 如图 4.8 所示。不失一般性，假设作用拓扑各边的权重均为 1，则可计算出拉普拉斯矩阵 $\boldsymbol{L}$ 的最小非零特征值 $\lambda_2=0.5858$，最大特征值 $\lambda_N=4.7321$。假设该多主体支撑系统受到的时变延迟满足 $\tau(t)=0.05+0.04\sin(t)$，则可以得到最大时间延迟 $\tau_{\max}=0.09$ 和最大时间延迟变化率 $\ell=0.04$。选择各支撑体的初始状态为

$$\boldsymbol{x}_1(0)=[19 \quad -14]^{\mathrm{T}},\quad \boldsymbol{x}_2(0)=[-12 \quad 27]^{\mathrm{T}}$$
$$\boldsymbol{x}_3(0)=[-7 \quad 16]^{\mathrm{T}},\quad \boldsymbol{x}_4(0)=[13 \quad -9]^{\mathrm{T}}$$
$$\boldsymbol{x}_5(0)=[-18 \quad 26]^{\mathrm{T}},\quad \boldsymbol{x}_6(0)=[5 \quad 24]^{\mathrm{T}}$$
$$\boldsymbol{x}_7(0)=[11 \quad -12]^{\mathrm{T}},\quad \boldsymbol{x}_8(0)=[-2 \quad 19]^{\mathrm{T}}$$

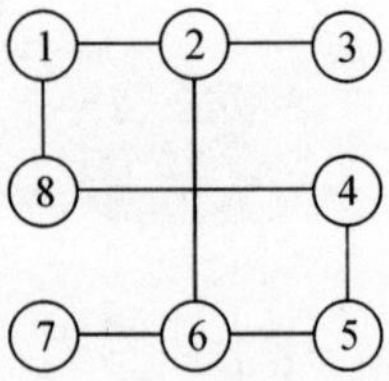

图 4.8　各支撑体之间的作用拓扑

由定理 4.5 和 $\boldsymbol{P}=\widetilde{\boldsymbol{P}}^{-1}$，$\boldsymbol{R}=\widetilde{\boldsymbol{R}}^{-1}$，$\boldsymbol{W}=\widetilde{\boldsymbol{W}}^{-1}$，$\boldsymbol{K}=\widetilde{\boldsymbol{K}}\widetilde{\boldsymbol{R}}^{-1}$ 可得

$$\boldsymbol{K}=[-0.0019 \quad 0.2387]$$

$$\boldsymbol{P}=\begin{bmatrix}18.8334 & 1.1682\\ 1.1682 & 3.0228\end{bmatrix}$$

$$\boldsymbol{R}=\begin{bmatrix}8.4464 & 0.3792\\ 0.3792 & 0.6010\end{bmatrix}$$

$$\boldsymbol{W}=\begin{bmatrix}1.7615 & 0.0641\\ 0.0641 & 0.4972\end{bmatrix}$$

在数值仿真中，设仿真步长为 $T_s=0.001$ s。图 4.9 和图 4.10 分别给出了该多主体支撑系统的高度状态曲线和高度变化率曲线，其中圆圈是一致函数。图 4.11 给出的是性能指标函数 J_C 随时间的变化趋势和保成本上界 J_C^* 之间的关系，从图中可以看出 $J_C \leqslant J_C^*$ 。可见，该多主体支撑系统获得了保成本一致，且由定理 4.4 计算得到的保成本上界为 $J_C^*=22\,224.6098$，由推论 4.2 得出的一致函数 $\boldsymbol{c}(t)=[c_h(t),c_{\dot{h}}(t)]^{\mathrm{T}}$ 满足

$$\lim_{t\to\infty}\left(\begin{bmatrix}c_h(t)\\ c_{\dot{h}}(t)\end{bmatrix}-\mathrm{e}^{\boldsymbol{A}t}\begin{bmatrix}1.1250\\ 9.6250\end{bmatrix}\right)=0$$

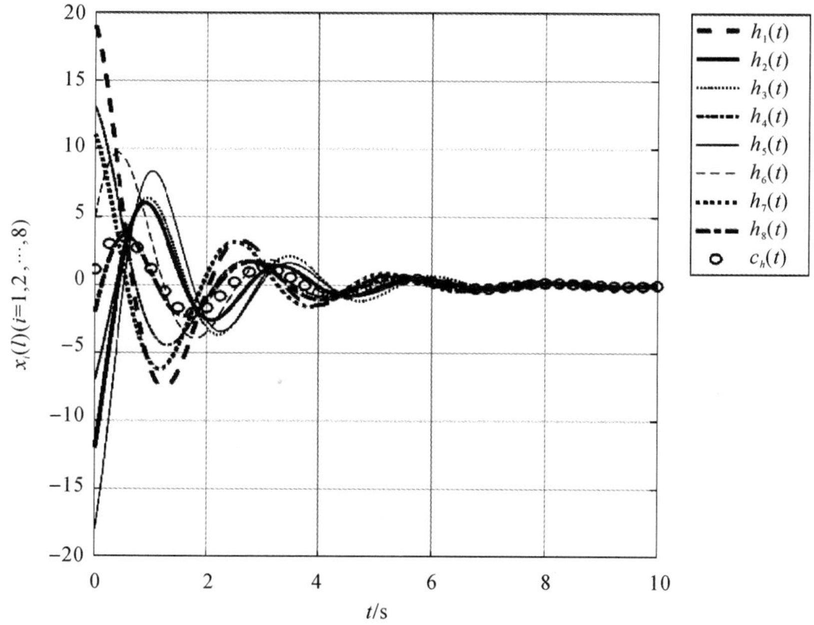

图 4.9　多主体支撑系统高度变化曲线

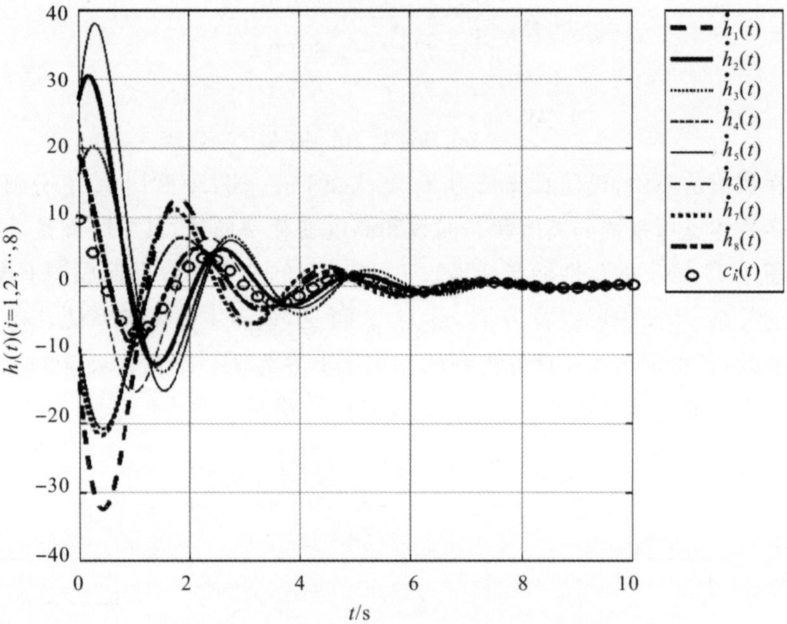

图 4.10　多主体支撑系统高度变化率曲线

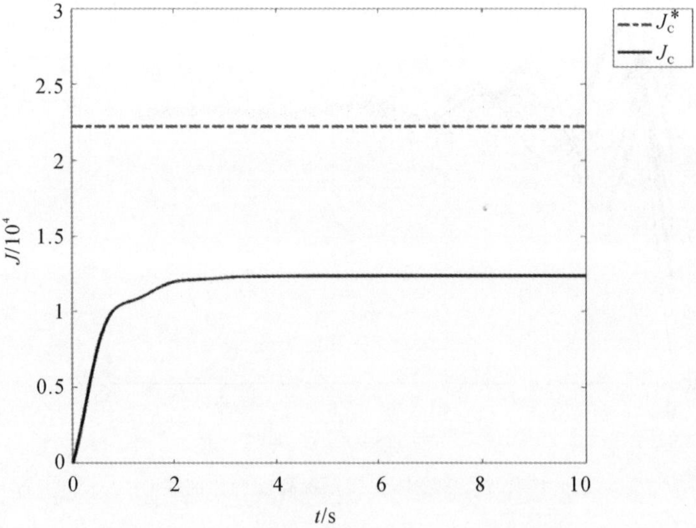

图 4.11　性能指标函数和保成本上界的关系图

4.4 本章小结

本章将保成本控制思想引入时间延迟条件下多智能体系统的一致性控制,分别介绍了常数延迟条件下一阶多智能体系统保成本一致性控制问题和时变延迟条件下高阶多智能体系统保成本一致性控制问题,主要工作有以下两点。

(1)对于存在常数延迟的一阶多智能体系统保成本一致性控制问题,分别给出了固定拓扑和切换拓扑两种条件下多智能体系统获得保成本一致的判据条件,该判据条件是与常数延迟有关的三维矩阵不等式。

(2)针对时变延迟条件下高阶多智能体系统保成本一致性控制问题,给出了多智能体系统获得保成本一致的判据条件和性能指标函数的保成本上界,利用变量代换给出了确定控制增益矩阵的方法,分析了时变延迟对保成本一致性控制的影响,并利用多主体支撑系统的保成本一致性控制验证了相关结论的有效性。

第5章　基于一致性控制的多智能体系统保成本编队控制

5.1　引　　言

编队控制问题是多智能体系统协同控制的一个重要应用，传统的处理方法主要包括领导跟随法、基于行为法和基于虚拟结构法三类，但是这三类控制方法存在各自的缺点。随着多智能体系统一致性控制理论的不断发展和完善，部分学者研究发现可以利用一致性控制的方法来分析编队控制问题，并且能够克服上述传统的三类控制方法存在的缺点[183]。虽然已经有较多的研究成果基于一致性控制策略研究编队控制问题，但很少有现有研究成果同时考虑了编队调节性能和能量消耗问题。

在第2章～第4章多智能体系统保成本一致性控制的基础上，本章将保成本控制思想引入多智能体系统编队控制，基于一致性控制的方法讨论固定拓扑条件下二阶多智能体系统的保成本编队控制问题，同时考虑编队调节性能及控制过程中的能量消耗，为多智能体系统优化编队控制提供一定的理论依据。

本章内容安排如下：第5.2节将保成本控制思想引入二阶多智能体系统的编队控制，提出保成本编队控制问题；第5.3节基于一致性控制策略分析保成本编队控制问题，给出多智能体系统获得保成本编队的判据，确定编队中心参考函数的显示表达式和性能指标函数的上界；第5.4节数值仿真验证结论；第5.5节小结本章的主要内容。

5.2　保成本编队控制问题描述

考虑一个由 N 个具有相同结构的 d 维二阶智能体组成的多智能体系统，各智能体被编号为 $1\sim N$，即编号集合为 $\mathcal{I}_N=\{1,2,\cdots,N\}$。各智能体的动力学特性可描述为如下二阶积分器模型：

$$\left.\begin{aligned}\dot{\boldsymbol{x}}_i(t) &= \boldsymbol{v}_i(t)\\ \dot{\boldsymbol{v}}_i(t) &= \boldsymbol{u}_i(t)\end{aligned}\right\} \tag{5.1}$$

其中，$i \in \mathcal{I}_N$；$\boldsymbol{x}_i(t) \in \mathbf{R}^d$ 和 $\boldsymbol{v}_i(t) \in \mathbf{R}^d$ 分别表示智能体 i 的位置状态变量和速度状态变量；$\boldsymbol{u}_i(t) \in \mathbf{R}^d$ 代表智能体 i 的编队控制输入。

在定义保成本编队控制之前，下面分别给出多智能体系统式(5.1)获得一致和实现编队控制的定义。

定义 5.1：对于为多智能体系统式(5.1)任意给定的有界初始状态，在控制输入 $\boldsymbol{u}_i(t)$ 的作用下，如果存在向量函数 $\boldsymbol{c}_x(t) \in \mathbf{R}^d$ 和 $\boldsymbol{c}_v(t) \in \mathbf{R}^d$，使得

$$\lim_{t\to\infty}[\boldsymbol{x}_i(t) - \boldsymbol{c}_x(t)] = \mathbf{0}$$
$$\lim_{t\to\infty}[\boldsymbol{v}_i(t) - \boldsymbol{c}_v(t)] = \mathbf{0}$$

同时成立，那么称多智能体系统式(5.1)获得一致，并称向量函数 $\boldsymbol{c}(t) = [\boldsymbol{c}_x^{\mathrm{T}}(t), \boldsymbol{c}_v^{\mathrm{T}}(t)]^{\mathrm{T}}$ 为一致函数。

定义 5.2：规定一个向量 $\boldsymbol{l} = [\boldsymbol{l}_1^{\mathrm{T}} \quad \boldsymbol{l}_2^{\mathrm{T}} \quad \cdots \quad \boldsymbol{l}_N^{\mathrm{T}}]^{\mathrm{T}}$，其中 $\boldsymbol{l}_i \in \mathbf{R}^d$。对于为多智能体系统式(5.1)任意给定的有界初始状态，在控制输入 $\boldsymbol{u}_i(t)$ 的作用下，如果存在向量函数 $\boldsymbol{c}_l(t) \in \mathbf{R}^d$ 和 $\boldsymbol{c}_v(t) \in \mathbf{R}^d$，使得

$$\lim_{t\to\infty}[\boldsymbol{x}_i(t) - \boldsymbol{l}_i - \boldsymbol{c}_l(t)] = \mathbf{0}$$
$$\lim_{t\to\infty}[\boldsymbol{v}_i(t) - \boldsymbol{c}_v(t)] = \mathbf{0}$$

同时成立，那么称多智能体系统式(5.1)实现了编队 $\boldsymbol{l}$，并称向量函数 $\boldsymbol{c}(t) = [\boldsymbol{c}_l^{\mathrm{T}}(t), \boldsymbol{c}_v^{\mathrm{T}}(t)]^{\mathrm{T}}$ 为编队中心参考函数，称 $\boldsymbol{l}$ 为编队向量。

注释 5.1：从定义 5.1 和定义 5.2 中可知，当编队向量 $\boldsymbol{l} = \mathbf{0}$ 时，多智能体系统式(5.1)的一致性控制问题与编队控制问题是等价的，也可以说多智能体系统的一致性控制问题是编队控制问题的一个特例。当多智能体系统(5.1)实现编队控制时，由定义 5.2 可知所有智能体的速度状态变量 $\boldsymbol{v}_i(t)$ 是同步的。另外，在实现编队控制后的 t 时刻，编队向量 $\boldsymbol{l}$ 确定了各智能体的位置状态变量 $\boldsymbol{x}_i(t)$ 与编队中心参考函数 $\boldsymbol{c}(t)$ 的位置分量 $\boldsymbol{c}_l(t)$ 之间的相对信息。如图 5.1 示意了 4 个智能体组成的二维编队，其中以 t 时刻编队中心参考函数 $\boldsymbol{c}(t)$ 的位置分量 $\boldsymbol{c}_l(t)$ 为原点，则编队向量 $\boldsymbol{l} = [l_{11} \quad l_{12} \quad l_{21} \quad \cdots \quad l_{41} \quad l_{42}]^{\mathrm{T}}$。

对于多智能体系统式(5.1)，考虑如下编队控制协议

$$\boldsymbol{u}_i(t) = \boldsymbol{u}_{i1}(t) + \boldsymbol{u}_{i2}(t) \tag{5.2}$$

其中，$i \in \mathcal{I}_N$，

$$\boldsymbol{u}_{i1}(t) = \boldsymbol{K}_1 \sum_{j\in\mathcal{N}_i} w_{ij} \{[\boldsymbol{x}_j(t) - \boldsymbol{l}_j] - [\boldsymbol{x}_i(t) - \boldsymbol{l}_i]\}$$

$$\boldsymbol{u}_{i2}(t)=\boldsymbol{K}_2\sum_{j\in\mathcal{N}_i}w_{ij}[\boldsymbol{v}_j(t)-\boldsymbol{v}_i(t)]$$

且控制增益矩阵 $\boldsymbol{K}_1\in\mathbf{R}^{d\times d}$；$\boldsymbol{K}_2\in\mathbf{R}^{d\times d}$；$\mathcal{N}_i$ 代表智能体 i 的邻居集；w_{ij} 为是智能体 j 对智能体 i 的作用权重。

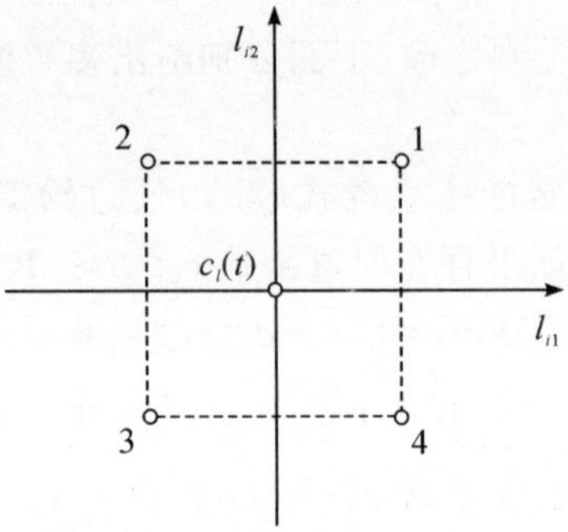

图 5.1　编队向量示意图

将智能体 j 和智能体 i 之间的状态差记为 $\boldsymbol{\delta}_{ij}(t)=[\boldsymbol{\delta\varepsilon}_{ij}^{\mathrm{T}}(t)\quad\boldsymbol{\delta v}_{ij}^{\mathrm{T}}(t)]^{\mathrm{T}}(i,j\in\mathcal{I}_N)$，其中 $\boldsymbol{\varepsilon}_i(t)=\boldsymbol{x}_i(t)-\boldsymbol{l}_i$，$\boldsymbol{\delta\varepsilon}_{ij}(t)=\boldsymbol{\varepsilon}_j(t)-\boldsymbol{\varepsilon}_i(t)$，$\boldsymbol{\delta v}_{ij}(t)=\boldsymbol{v}_j(t)-\boldsymbol{v}_i(t)$。在此基础上，对于任意给定的对称正定矩阵 $\boldsymbol{Q}_l\in\mathbf{R}^{2d\times 2d}$ 和 $\boldsymbol{Q}_u\in\mathbf{R}^{d\times d}$，为多智能体系统式(5.1)定义具有如下形式的性能指标函数：

$$J_{\mathrm{C}}=J_{\mathrm{C}l}+J_{\mathrm{C}u}\tag{5.3}$$

其中

$$J_{\mathrm{C}l}=\int_0^{\infty}\left[\sum_{i=1}^{N}\sum_{j=1}^{N}w_{ij}\boldsymbol{\delta}_{ij}^{\mathrm{T}}(t)\boldsymbol{Q}_l\boldsymbol{\delta}_{ij}(t)\right]\mathrm{d}t$$

$$J_{\mathrm{C}u}=\int_0^{\infty}\sum_{i=1}^{N}\boldsymbol{u}_i^{\mathrm{T}}(t)\boldsymbol{Q}_u\boldsymbol{u}_i(t)\mathrm{d}t$$

记 $\boldsymbol{\omega}(t)=[\boldsymbol{\omega}_1^{\mathrm{T}}(t)\quad\boldsymbol{\omega}_2^{\mathrm{T}}(t)\quad\cdots\quad\boldsymbol{\omega}_N^{\mathrm{T}}(t)]^{\mathrm{T}}$，$\boldsymbol{\omega}_i(t)=[\boldsymbol{\varepsilon}_i^{\mathrm{T}}(t)\quad\boldsymbol{v}_i^{\mathrm{T}}(t)]^{\mathrm{T}}\in\mathbf{R}^{2d}$ 和 $\boldsymbol{K}=[\boldsymbol{K}_1\quad\boldsymbol{K}_2]\in\mathbf{R}^{d\times 2d}$，从而性能指标函数 J_{C} 可写为

$$J_{\mathrm{C}}=\int_0^{\infty}\boldsymbol{\omega}^{\mathrm{T}}(t)(2\boldsymbol{L}\otimes\boldsymbol{Q}_l+\boldsymbol{L}^2\otimes\boldsymbol{K}^{\mathrm{T}}\boldsymbol{Q}_u\boldsymbol{K})\boldsymbol{\omega}(t)\mathrm{d}t\tag{5.4}$$

在考虑性能指标函数 J_{C} 的情况下，分别给出多智能体系统式(5.1)实现保成本编队控制和可实现保成本编队控制的定义。

定义 5.3：规定一个向量 $\boldsymbol{l}=[\boldsymbol{l}_1^{\mathrm{T}}\quad\boldsymbol{l}_2^{\mathrm{T}}\quad\cdots\quad\boldsymbol{l}_N^{\mathrm{T}}]^{\mathrm{T}}$，其中 $\boldsymbol{l}_i\in\mathbf{R}^d$。对于为多智能体系统式(5.1)任意给定的有界初始状态，在控制输入 $\boldsymbol{u}_i(t)$ 的作用下，如果存在向量函数 $\boldsymbol{c}_l(t)\in\mathbf{R}^d$ 和 $\boldsymbol{c}_v(t)\in\mathbf{R}^d$，使得

$$\lim_{t\to\infty}[\boldsymbol{x}_i(t)-\boldsymbol{l}_i-\boldsymbol{c}_l(t)]=\boldsymbol{0}$$

$$\lim_{t\to\infty}[\boldsymbol{v}_i(t)-\boldsymbol{c}_v(t)]=\mathbf{0}$$

同时成立且存在一个正数 J_C^* 使得 $J_C \leqslant J_C^*$，那么称受性能指标函数式(5.3)约束的多智能体系统式(5.1)在编队控制协议式(5.2)作用下实现了保成本编队 $\boldsymbol{l}$。其中，向量函数 $\boldsymbol{c}(t)=[\boldsymbol{c}_l^{\mathrm{T}}(t)\quad \boldsymbol{c}_v^{\mathrm{T}}(t)]^{\mathrm{T}}$ 为编队中心参考函数，$\boldsymbol{l}$ 称为编队向量，J_C^* 为性能指标函数的一个保成本上界。

定义 5.4：在性能指标函数 J_C 的约束下，如果存在控制增益矩阵 $\boldsymbol{K}_1$ 和 $\boldsymbol{K}_2$ 使得多智能体系统式(5.1)能够实现保成本编队控制，那么称受性能指标函数式(5.3)约束的多智能体系统式(5.1)在编队控制输入式(5.2)的作用下可实现保成本编队 $\boldsymbol{l}$。

注释 5.2：现有文献对多智能体系统的一致性控制问题和编队控制问题进行了广泛地研究。然而，相关结论并没有同时考虑编队调节性能和控制过程中的能量消耗。本章中，利用编队向量 $\boldsymbol{l}$ 构建能够表征编队特征的性能指标函数式(5.3)来讨论多智能体系统的保成本编队控制问题，使多智能体系统既能实现编队控制，又能使控制过程中所消耗的能量满足某种特定要求。在性能指标函数式(5.3)中，权重矩阵 $\boldsymbol{Q}_l$ 和 $\boldsymbol{Q}_u$ 可以任意选择。从物理角度来看，J_{Cl} 可以被看成多智能体系统的编队调节性能，J_{Cu} 表示多智能体系统在实现编队控制过程中的能量消耗。保成本编队控制问题就是，在已给定的权重矩阵 $\boldsymbol{Q}_l$ 和 $\boldsymbol{Q}_u$ 情况下，通过寻找合适的增益矩阵 $\boldsymbol{K}_1$ 和 $\boldsymbol{K}_2$ 使得多智能体系统式(5.1)既能够实现编队控制，又能使性能指标函数 J_C 满足关系 $J_C \leqslant J_C^*$。

5.3　保成本编队控制分析与设计

在本节中，考虑在固定拓扑条件下二阶多智能体系统的保成本编队控制问题。作用拓扑是固定无向作用拓扑 G，对应的拉普拉斯矩阵为 $\boldsymbol{L}$。在本节中，假设作用拓扑 G 连通。归纳起来，本节主要讨论以下几个方面的问题：

(1)多智能体系统式(5.1)在什么条件下可实现保成本编队控制？

(2)当系统实现保成本编队控制时，怎么确定编队中心参考函数？

(3)当系统实现保成本编队控制时，如何给定一个保成本上界 J_C^*？

(4)如何选择一个合适的控制增益矩阵 $\boldsymbol{K}_1$ 和 $\boldsymbol{K}_2$ 使得多智能体系统式(5.1)能够实现保成本编队控制？

令 $\boldsymbol{\chi}(t)=[\boldsymbol{\chi}_1^{\mathrm{T}}(t)\quad \boldsymbol{\chi}_2^{\mathrm{T}}(t)\quad \cdots\quad \boldsymbol{\chi}_N^{\mathrm{T}}(t)]^{\mathrm{T}}$，$\boldsymbol{\chi}_i(t)=[\boldsymbol{x}_i^{\mathrm{T}}(t)\quad \boldsymbol{v}_i^{\mathrm{T}}(t)]^{\mathrm{T}}$，则多智能体系统式(5.1)可以被改写为

$$\dot{\boldsymbol{\chi}}(t) = (\boldsymbol{I}_N \otimes \boldsymbol{A})\boldsymbol{\chi}(t) + (\boldsymbol{I}_N \otimes \boldsymbol{B})\boldsymbol{u}(t) \tag{5.5}$$

其中

$$\boldsymbol{A} = \begin{bmatrix} \boldsymbol{0} & I_d \\ \boldsymbol{0} & \boldsymbol{0} \end{bmatrix}, \quad \boldsymbol{B} = \begin{bmatrix} \boldsymbol{0} \\ I_d \end{bmatrix}$$

由于从全局角度看编队控制输入式(5.2)可写为

$$\boldsymbol{u}(t) = -(\boldsymbol{L} \otimes \boldsymbol{K})\boldsymbol{\omega}(t) \tag{5.6}$$

从而,考虑式(5.5)和式(5.6),可知在编队控制输入式(5.2)的作用下多智能体系统式(5.1)可写为如下全局形式:

$$\dot{\boldsymbol{\chi}}(t) = (\boldsymbol{I}_N \otimes \boldsymbol{A})\boldsymbol{\chi}(t) + (\boldsymbol{L} \otimes \boldsymbol{BK})\boldsymbol{\omega}(t) \tag{5.7}$$

记向量 $\boldsymbol{\iota} = [\boldsymbol{\iota}_1^{\mathrm{T}} \quad \boldsymbol{\iota}_2^{\mathrm{T}} \quad \cdots \quad \boldsymbol{\iota}_N^{\mathrm{T}}]^{\mathrm{T}}$, $\boldsymbol{\iota}_i = [\boldsymbol{l}_i^{\mathrm{T}} \quad 0]^{\mathrm{T}} \in \mathbf{R}^{2d}$,则可以得到 $\boldsymbol{\omega}(t) = \boldsymbol{\chi}(t) - \boldsymbol{\iota}$ 。从而,下面的引理说明,多智能体系统的保成本编队控制问题可以转化为保成本一致性控制问题进行讨论。

引理 5.1:当且仅当系统

$$\dot{\boldsymbol{\omega}}(t) = (\boldsymbol{I}_N \otimes \boldsymbol{A} - \boldsymbol{L} \otimes \boldsymbol{BK})\boldsymbol{\omega}(t) \tag{5.8}$$

的各个状态变量 $\boldsymbol{\omega}_i \in \mathbf{R}^{2d} (i \in \mathcal{I}_N)$ 获得一致,那么多智能体系统式(5.1)实现编队 $\boldsymbol{l}$。在这种情况下,多智能体系统式(5.1)的编队中心参考函数 $c(t)$ 与系统式(5.8)所有状态变量的一致函数 $\boldsymbol{c}_\omega(t)$ 相同。

证明:由于 $\boldsymbol{\chi}(t) = \boldsymbol{\omega}(t) + \boldsymbol{\iota}$ 且 $\dot{\boldsymbol{i}} = 0$,那么多智能体系统式(5.7)可写为

$$\dot{\boldsymbol{\omega}}(t) = (\boldsymbol{I}_N \otimes \boldsymbol{A} - \boldsymbol{L} \otimes \boldsymbol{BK})\boldsymbol{\omega}(t) + (\boldsymbol{I}_N \otimes \boldsymbol{A})\boldsymbol{\iota} \tag{5.9}$$

考虑到状态矩阵 $\mathbf{A}$ 和向量 $\boldsymbol{\iota}$ 的结构特征,可以得到

$$(\boldsymbol{I}_N \otimes \boldsymbol{A})\boldsymbol{\iota}(t) = 0 \tag{5.10}$$

进而,可以得到系统式(5.8)。对于系统式(5.8)的状态变量 $\boldsymbol{\omega}$,根据定义 5.1 可知一致函数 $\boldsymbol{c}_\omega(t)$ 满足

$$\lim_{t\to\infty}[\boldsymbol{\omega}(t) - \mathbf{1}_N \otimes \boldsymbol{c}_\omega(t)] = \mathbf{0} \tag{5.11}$$

即

$$\lim_{t\to\infty}[\boldsymbol{\chi}(t) - \boldsymbol{\iota} - \mathbf{1}_N \otimes \boldsymbol{c}_\omega(t)] = \mathbf{0} \tag{5.12}$$

因此,由定义 5.2 可以得到该引理。

令 $\lambda_i (i \in \mathcal{I}_N)$ 表示 $\boldsymbol{L}$ 的 N 个特征值。由于 G 是连通的,从而 $\boldsymbol{L}$ 的 N 个特征值满足 $0 = \lambda_1 < \lambda_2 \leqslant \cdots \leqslant \lambda_N$ 。由拉普拉斯矩阵的结构特性可知,向量 $\bar{\boldsymbol{u}}_1 = \mathbf{1}_N / \sqrt{N}$ 为特征值 $\lambda_1 = 0$ 的一个特征向量。进而,存在一个正交矩阵

$$\boldsymbol{U}=\begin{bmatrix}\dfrac{1}{\sqrt{N}} & \dfrac{\mathbf{1}_{N-1}^{\mathrm{T}}}{\sqrt{N}}\\ \dfrac{\mathbf{1}_{N-1}}{\sqrt{N}} & \bar{\boldsymbol{U}}\end{bmatrix}$$

满足 $\boldsymbol{U}^{\mathrm{T}}\boldsymbol{U}=\boldsymbol{I}_N$ 且使得

$$\boldsymbol{\Lambda}=\boldsymbol{U}^{\mathrm{T}}\boldsymbol{L}\boldsymbol{U}=\mathrm{diag}\{0,\boldsymbol{\Lambda}_\lambda\}\tag{5.13}$$

其中，$\boldsymbol{\Lambda}_\lambda=\mathrm{diag}\{\lambda_2,\lambda_3,\cdots,\lambda_N\}$ 。令

$$\boldsymbol{\kappa}(t)=(\boldsymbol{U}^{\mathrm{T}}\otimes\boldsymbol{I}_{2d})\boldsymbol{\omega}(t)=[\boldsymbol{\kappa}_1^{\mathrm{T}}(t)\quad\boldsymbol{\kappa}_e^{\mathrm{T}}(t)]^{\mathrm{T}}\tag{5.14}$$

其中，$\boldsymbol{\kappa}_1(t)\in\mathbf{R}^{2d}$ 和 $\boldsymbol{\kappa}_e(t)=[\boldsymbol{\kappa}_2^{\mathrm{T}}(t)\quad\boldsymbol{\kappa}_3^{\mathrm{T}}(t)\quad\cdots\quad\boldsymbol{\kappa}_N^{\mathrm{T}}(t)]^{\mathrm{T}}\in\mathbf{R}^{2d(N-1)}$。利用式(5.14) 的状态变换，系统式(5.8) 可被分解为

$$\dot{\boldsymbol{\kappa}}_1(t)=\boldsymbol{A}\boldsymbol{\kappa}_1(t)\tag{5.15}$$

$$\dot{\boldsymbol{\kappa}}_e(t)=(\boldsymbol{I}_{N-1}\otimes\boldsymbol{A}-\boldsymbol{\Lambda}_\lambda\otimes\boldsymbol{BK})\boldsymbol{\kappa}_e(t)\tag{5.16}$$

同时，性能指标函数式(5.4)可被改写为

$$J_{\mathrm{C}}=\sum_{i=2}^{N}\int_0^\infty\boldsymbol{\kappa}_i^{\mathrm{T}}(t)(2\lambda_i\boldsymbol{Q}_l+\lambda_i^2\boldsymbol{K}^{\mathrm{T}}\boldsymbol{Q}_u\boldsymbol{K})\boldsymbol{\kappa}_i(t)\mathrm{d}t\tag{5.17}$$

下面的定理给出一个多智能体系统式(5.1)在编队控制输入式(5.2)的作用下实现保成本编队控制的充分必要条件。

定理 5.1:多智能体系统式(5.1)在编队控制输入式(5.2)的作用下实现保成本编队 $\boldsymbol{l}$，当且仅当 $\lim\limits_{t\to\infty}\boldsymbol{\kappa}_e(t)=0$ 和存在一个 $J_{\mathrm{C}}^*>0$ 使得 $J_{\mathrm{C}}\leqslant J_{\mathrm{C}}^*$ 。

证明:参考式(5.14)可以令

$$\tilde{\boldsymbol{\kappa}}_1(t)=(\boldsymbol{U}\otimes\boldsymbol{I}_{2d})[\boldsymbol{\kappa}_1^{\mathrm{T}}(t)\quad\mathbf{0}]^{\mathrm{T}}\tag{5.18}$$

$$\tilde{\boldsymbol{\kappa}}_e(t)=(\boldsymbol{U}\otimes\boldsymbol{I}_{2d})[\mathbf{0}\quad\boldsymbol{\kappa}_e^{\mathrm{T}}(t)]^{\mathrm{T}}\tag{5.19}$$

其中，式(5.18)中的 $\mathbf{0}\in\mathbf{R}^{1\times2d(N-1)}$，式(5.19) 中的 $\mathbf{0}\in\mathbf{R}^{1\times2d}$。由于 $\boldsymbol{U}$ 是正交矩阵，则 $\tilde{\boldsymbol{\kappa}}_1(t)$ 与 $\tilde{\boldsymbol{\kappa}}_e(t)$ 是线性独立的。从而，由式(5.14)可得

$$\boldsymbol{\omega}(t)=\tilde{\boldsymbol{\kappa}}_1(t)+\tilde{\boldsymbol{\kappa}}_e(t)\tag{5.20}$$

另外，由于矩阵 $\boldsymbol{U}$ 的第一列为 $\bar{\boldsymbol{u}}_1=\mathbf{1}_N/\sqrt{N}$ 。从而，可得

$$\tilde{\boldsymbol{\kappa}}_1(t)=\frac{1}{\sqrt{N}}[\mathbf{1}_N\otimes\boldsymbol{\kappa}_1(t)]\tag{5.21}$$

因而，由式(5.20)和式(5.21)可得，系统式(5.8)的所有状态变量要获得一致，当且仅当

$$\lim_{t\to\infty}\tilde{\boldsymbol{\kappa}}_e(t)=\mathbf{0}\tag{5.22}$$

式(5.22)说明子系统式(5.16)是渐近稳定的,即有 $\lim\limits_{t\to\infty}\boldsymbol{\kappa}_e(t)=\mathbf{0}$ 。从而,由引理 5.1 可得多智能体系统式(5.7)实现编队 $\boldsymbol{l}$。因此,根据定义 6.4,当存在一个 $J_C^*>0$ 使得 $J_C\leqslant J_C^*$ 时可得到该定理的结论。

注释 5.3:从引理 5.1 可以看出利用一致性控制策略分析编队控制问题的思路,通过将状态变量选择为 $\boldsymbol{\omega}(t)=\boldsymbol{\chi}(t)-\boldsymbol{\iota}$,多智能体系统编队控制问题即转化为一致性控制问题。定理 5.1 说明,多智能体系统的保成本编队控制问题进一步被转化为一个关于高维状态变量孤立系统的保成本控制问题。

下面的定理给出多智能体系统式(5.1)在编队控制输入式(5.2)的作用下可实现保成本编队控制的判据条件。

定理 5.2:如果存在任意的 $2d$ 维实矩阵 $\boldsymbol{X}=\boldsymbol{X}^{\mathrm{T}}>\mathbf{0}$ 和 $d\times 2d$ 维矩阵 $\boldsymbol{W}$ 使得线性矩阵不等式 $\boldsymbol{\Theta}_i<\mathbf{0}(i=2,N)$ 成立,其中

$$\boldsymbol{\Theta}_i=\begin{bmatrix}\boldsymbol{\Theta}_{i11} & 2\lambda_i\boldsymbol{X}\boldsymbol{Q}_l & \lambda_i\boldsymbol{W}^{\mathrm{T}}\boldsymbol{Q}_u\\ * & -2\lambda_i\boldsymbol{Q}_l & \mathbf{0}\\ * & * & -\boldsymbol{Q}_u\end{bmatrix}$$

$$\boldsymbol{\Theta}_{i11}=(\boldsymbol{A}\boldsymbol{X}+\boldsymbol{X}^{\mathrm{T}}\boldsymbol{A}^{\mathrm{T}})-\lambda_i(\boldsymbol{B}\boldsymbol{W}+\boldsymbol{W}^{\mathrm{T}}\boldsymbol{B}^{\mathrm{T}})$$

那么多智能体系统式(5.1)在编队控制输入式(5.2)的作用下可实现保成本编队 $\boldsymbol{l}$。此时,编队控制输入式(5.2)中的控制增益矩阵满足 $\boldsymbol{K}=[\boldsymbol{K}_1\quad\boldsymbol{K}_2]=\boldsymbol{W}\boldsymbol{X}^{-1}$ 。

证明:由定理 5.1 可知,需要证明多智能体系统式(5.1)在编队控制输入式(5.2)的作用下可实现保成本编队 $\boldsymbol{l}$ 就是要证明 $\lim\limits_{t\to\infty}\boldsymbol{\kappa}_e(t)=\mathbf{0}$ 成立。对此,考虑如下李雅普诺夫函数:

$$V(\boldsymbol{\kappa}_e(t))=\boldsymbol{\kappa}_e^{\mathrm{T}}(t)(\boldsymbol{I}_{N-1}\otimes\boldsymbol{P})\boldsymbol{\kappa}_e(t)\tag{5.23}$$

其中,$\boldsymbol{P}>\mathbf{0}$ 为 $2d$ 维实对称矩阵。显然有 $V(\boldsymbol{\kappa}_e(t))\geqslant 0$,并且当且仅当 $\boldsymbol{\kappa}_e(t)=\mathbf{0}$ 时才满足 $V(\boldsymbol{\kappa}_e(t))=0$ 。从而,沿着式(5.16)的状态轨迹关于 $V(\boldsymbol{\kappa}_e(t))$ 对时间 t 求导,可得

$$\dot{V}(t)\big|_{(5.16)}=\boldsymbol{\kappa}_e^{\mathrm{T}}(t)[\boldsymbol{I}_{N-1}\otimes(\boldsymbol{P}\boldsymbol{A}+\boldsymbol{A}^{\mathrm{T}}\boldsymbol{P})-\boldsymbol{\Lambda}_\lambda\otimes(\boldsymbol{P}\boldsymbol{B}\boldsymbol{K}+\boldsymbol{K}^{\mathrm{T}}\boldsymbol{B}^{\mathrm{T}}\boldsymbol{P})]\boldsymbol{\kappa}_e(t)\tag{5.24}$$

由于 $\boldsymbol{\Lambda}_\lambda=\mathrm{diag}\{\lambda_2,\lambda_3,\cdots,\lambda_N\}$,则

$$\dot{V}(t)\big|_{(5.16)}=\sum_{i=2}^{N}\boldsymbol{\kappa}_i^{\mathrm{T}}(t)[(\boldsymbol{P}\boldsymbol{A}+\boldsymbol{A}^{\mathrm{T}}\boldsymbol{P})-\lambda_i(\boldsymbol{P}\boldsymbol{B}\boldsymbol{K}+\boldsymbol{K}^{\mathrm{T}}\boldsymbol{B}^{\mathrm{T}}\boldsymbol{P})]\boldsymbol{\kappa}_i(t)\tag{5.25}$$

在此,定义函数

$$\Im(t) = \dot{V}(t)\big|_{(5.16)} + \bar{J}_C \tag{5.26}$$

其中 $\bar{J}_C \geqslant 0$ 且

$$\bar{J}_C = \sum_{i=2}^{N} \boldsymbol{\kappa}_i^{\mathrm{T}}(t)(2\lambda_i \boldsymbol{Q}_l + \lambda_i^2 \boldsymbol{K}^{\mathrm{T}} \boldsymbol{Q}_u \boldsymbol{K})\boldsymbol{\kappa}_i(t)$$

值得注意的是，如果 $\Im(t) \leqslant 0$ 就有 $\dot{V}(t)\big|_{(5.16)} \leqslant 0$ 。因此，由 Schur 补性质可得

$$\Im(t) \leqslant \sum_{i=2}^{N} \boldsymbol{\kappa}_i^{\mathrm{T}}(t)\widetilde{\boldsymbol{\Theta}}_i \boldsymbol{\kappa}_i(t) \tag{5.27}$$

其中

$$\widetilde{\boldsymbol{\Theta}}_i = \begin{bmatrix} \widetilde{\boldsymbol{\Theta}}_{i11} & 2\lambda_i \boldsymbol{Q}_l & \lambda_i \boldsymbol{K}^{\mathrm{T}} \boldsymbol{Q}_u \\ * & -2\lambda_i \boldsymbol{Q}_l & \boldsymbol{0} \\ * & * & -\boldsymbol{Q}_u \end{bmatrix}$$

$$\widetilde{\boldsymbol{\Theta}}_{i11} = (\boldsymbol{PA} + \boldsymbol{A}^{\mathrm{T}}\boldsymbol{P}) - \lambda_i(\boldsymbol{PBK} + \boldsymbol{K}^{\mathrm{T}}\boldsymbol{B}^{\mathrm{T}}\boldsymbol{P})$$

因此，$\widetilde{\boldsymbol{\Theta}}_i < \boldsymbol{0}(i = 2,3,\cdots,N)$ ，那么会有 $\Im(t) \leqslant 0$ 。并且，当且仅当 $\boldsymbol{\kappa}_e(t) \equiv \boldsymbol{0}$ 时，$\Im(t) = 0$ 成立。从而，$\dot{V}(t)\big|_{(5.16)} \leqslant 0$ ，并且当且仅当 $\boldsymbol{\kappa}_e(t) \equiv 0$ 时，$\dot{V}(t)\big|_{(5.16)} = 0$ 成立。另外，由线性矩阵不等式的凸性质可知，当 $\widetilde{\boldsymbol{\Theta}}_i < \boldsymbol{0}(i = 2,N)$ 时能保证 $\widetilde{\boldsymbol{\Theta}}_i < \boldsymbol{0}(i = 2,3,\cdots,N)$ 。因而，如果 $\widetilde{\boldsymbol{\Theta}}_i < \boldsymbol{0}(i = 2,N)$ ，系统式(5.16)是渐近稳定的，也就是 $\lim\limits_{t\to\infty}\boldsymbol{\kappa}_e(t) = 0$ 。根据定义 5.1 可得，不等式 $\widetilde{\boldsymbol{\Theta}}_i < \boldsymbol{0}(i = 2,N)$ 可以保证系统式(5.8)所有状态变量获得一致。

由式(5.33)和 $\Im(t) \leqslant 0$ 得到

$$\bar{J}_C \leqslant -\dot{V}(t)\big|_{(5.16)} \tag{5.28}$$

考虑 $\int_0^{\infty} \bar{J}_C \mathrm{d}t = J_C$ 和 $\lim\limits_{t\to\infty} V(t) = 0$ ，对式(5.35)由比较原理得 $J_C \leqslant V(t)\big|_{t=0}$ 。因此，根据定义 5.3 可知，不等式 $\widetilde{\boldsymbol{\Theta}}_i < \boldsymbol{0}(i = 2,N)$ 可以保证多智能体系统式(5.1)实现保成本编队 $\boldsymbol{l}$，此时性能指标函数满足 $J_C \leqslant V(t)\big|_{t=0}$ 。

下面，利用变量代换法来确定控制增益矩阵 $\boldsymbol{K}$。对 $\widetilde{\boldsymbol{\Theta}}_i < \boldsymbol{0}(i = 2,N)$ 两端分别左乘 $\boldsymbol{\Pi}^{\mathrm{T}} = \mathrm{diag}\{\boldsymbol{P}^{-\mathrm{T}}, \boldsymbol{I}_{2d}, \boldsymbol{I}_d\}$ 和右乘 $\boldsymbol{\Pi} = \mathrm{diag}\{\boldsymbol{P}^{-1}, \boldsymbol{I}_{2d}, \boldsymbol{I}_d\}$ ，可得

$$\boldsymbol{\Pi}^{\mathrm{T}}\widetilde{\boldsymbol{\Theta}}_i\boldsymbol{\Pi} = \begin{bmatrix} \boldsymbol{P}^{-\mathrm{T}}\widetilde{\boldsymbol{\Theta}}_{i11}\boldsymbol{P}^{-1} & 2\lambda_i \boldsymbol{P}^{-\mathrm{T}}\boldsymbol{Q}_l & \lambda_i \boldsymbol{P}^{-\mathrm{T}}\boldsymbol{K}^{\mathrm{T}}\boldsymbol{Q}_u \\ * & -2\lambda_i \boldsymbol{Q}_l & \boldsymbol{0} \\ * & * & -\boldsymbol{Q}_u \end{bmatrix} < \boldsymbol{0} \tag{5.29}$$

其中

$$\boldsymbol{P}^{-\mathrm{T}}\widetilde{\boldsymbol{\Theta}}_{i11}\boldsymbol{P}^{-1}=(\boldsymbol{A}\boldsymbol{P}^{-1}+\boldsymbol{P}^{-\mathrm{T}}\boldsymbol{A}^{\mathrm{T}})-\lambda_i(\boldsymbol{B}\boldsymbol{K}\boldsymbol{P}^{-1}+\boldsymbol{P}^{-\mathrm{T}}\boldsymbol{K}^{\mathrm{T}}\boldsymbol{B}^{\mathrm{T}})$$

设 $\boldsymbol{X}=\boldsymbol{P}^{-1}$ 和 $\boldsymbol{W}=\boldsymbol{K}\boldsymbol{P}^{-1}$，则 $\boldsymbol{\Theta}_i<\boldsymbol{0}(i=2,N)$ 成立。

综上所述，若线性矩阵不等式 $\boldsymbol{\Theta}_i<\boldsymbol{0}(i=2,N)$ 可行，那么在编队控制输入式(5.2)的作用下多智能体系统式(5.1)可实现保成本编队 $\boldsymbol{l}$，且 $\boldsymbol{K}=\boldsymbol{W}\boldsymbol{X}^{-1}$。

注释 5.4：定理 5.2 给出了多智能体系统式(5.1)在编队控制输入式(5.2)的作用下可实现保成本编队 $\boldsymbol{l}$ 的判据条件，其中考虑了编队控制调节性能和控制过程中的能量消耗，给出了具有一般形式的编队控制协议的控制增益的设计方法。现有文献[186]中的控制输入被设计为具有特殊结构形式，在此基础上只利用控制输入构建了性能指标函数，没有在性能指标函数中考虑编队控制的调节性能，并且其中所有智能体之间的作用拓扑被假设为完全图。

当多智能体系统式(5.1)实现了保成本编队控制时，下面的两个定理分别给出性能指标函数的保成本上界和编队中心参考函数 $\boldsymbol{c}(t)$ 的显示表达式。

定理 5.3：对于任意有界初始状态，当存在一个 $2d$ 维实对称矩阵 $\boldsymbol{X}$ 能够使多智能体系统式(5.1)在编队控制输入式(5.2)的作用下实现保成本编队 $\boldsymbol{l}$ 时，性能指标函数的保成本上界满足

$$J_{\mathrm{C}}^{*}=(\boldsymbol{\chi}(0)-\boldsymbol{\iota})^{\mathrm{T}}(\boldsymbol{Y}\otimes\boldsymbol{X}^{-1})(\boldsymbol{\chi}(0)-\boldsymbol{\iota})$$

其中，$\boldsymbol{Y}=\boldsymbol{I}_N-\boldsymbol{1}_N\boldsymbol{1}_N^{\mathrm{T}}/N$。

证明：由定理 5.3 可知，$J_{\mathrm{C}}^{*}=V(t)\big|_{t=0}$ 是性能指标函数的一个上边界。由式(5.14)可得 $\boldsymbol{\kappa}_e(t)=[\boldsymbol{0}\quad\boldsymbol{I}_{2d(N-1)}](\boldsymbol{U}^{\mathrm{T}}\otimes\boldsymbol{I}_{2d})\boldsymbol{\omega}(t)$，其中 $[\boldsymbol{0}\quad\boldsymbol{I}_{2d(N-1)}]$ 中的 $\boldsymbol{0}\in\mathbf{R}^{2d(N-1)\times 2d}$。当 $[\boldsymbol{0}\quad\boldsymbol{I}_{N-1}]$ 中的 $\boldsymbol{0}\in\mathbf{R}^{N-1}$ 时，有 $[\boldsymbol{0}\quad\boldsymbol{I}_{2d(N-1)}]=[\boldsymbol{0}\quad\boldsymbol{I}_{N-1}]\otimes\boldsymbol{I}_{2d}$。从而

$$\boldsymbol{\kappa}_e(t)=(([\boldsymbol{0}\quad\boldsymbol{I}_{N-1}]\boldsymbol{U}^{\mathrm{T}})\otimes\boldsymbol{I}_{2d})\boldsymbol{\omega}(t)\tag{5.30}$$

根据式(5.23)和式(5.30)可得

$$V(t)=\boldsymbol{\omega}^{\mathrm{T}}(t)(\boldsymbol{Y}\otimes\boldsymbol{P})\boldsymbol{\omega}(t)\tag{5.31}$$

其中 $\boldsymbol{Y}=\boldsymbol{I}_N-\boldsymbol{1}_N\boldsymbol{1}_N^{\mathrm{T}}/N$。由于 $\boldsymbol{P}=\boldsymbol{X}^{-1}$，则

$$V(t)\big|_{t=0}=\omega^{\mathrm{T}}(0)(\boldsymbol{Y}\otimes\boldsymbol{X}^{-1})\boldsymbol{\omega}(0)\tag{5.32}$$

因此，由 $\boldsymbol{\omega}(0)=\boldsymbol{\chi}(0)-\boldsymbol{\iota}$ 可得该定理。

注释 5.5：当多智能体系统实现保成本编队控制时，定理 5.3 给出了性能指标函数的一个保成本上界 J_{C}^{*}，该边界与多智能体系统的初始状态和编队向量相关，而与作用拓扑和各智能体本身的动力学特性无关。

定理 5.4: 当多智能体系统式(5.1)在编队控制输入式(5.2)的作用下实现保成本编队 $\boldsymbol{l}$ 时,编队中心参考函数 $\boldsymbol{c}(t)=[\boldsymbol{c}_l^{\mathrm{T}}(t),\boldsymbol{c}_v^{\mathrm{T}}(t)]^{\mathrm{T}}$ 满足

$$\lim_{t\to\infty}\left\{\boldsymbol{c}_l(t)-\frac{1}{N}\sum_{i=1}^{N}[\boldsymbol{x}_i(0)-\boldsymbol{l}_i+t\boldsymbol{v}_i(0)]\right\}=\mathbf{0}$$

$$\lim_{t\to\infty}\left(\boldsymbol{c}_v(t)-\frac{1}{N}\sum_{i=1}^{N}\boldsymbol{v}_i(0)\right)=\mathbf{0}$$

证明: 当多智能体系统式(5.1)实现保成本编队 $\boldsymbol{l}$ 时,则系统式(5.8)的所有状态变量即获得一致。那么,由式(5.20)和式(5.21)可得

$$\lim_{t\to\infty}\left\{\boldsymbol{\omega}(t)-\frac{1}{\sqrt{N}}[\mathbf{1}_N\otimes\boldsymbol{\kappa}_1(t)]\right\}=\mathbf{0}\tag{5.33}$$

从而,根据定义 5.1 得到系统(5.8)的所有状态变量的一致函数满足

$$\lim_{t\to\infty}\left[\boldsymbol{c}_\omega(t)-\frac{1}{\sqrt{N}}\boldsymbol{\kappa}_1(t)\right]=\mathbf{0}\tag{5.34}$$

由式(5.15)可得

$$\boldsymbol{\kappa}_1(t)=e^{At}\boldsymbol{\kappa}_1(0)\tag{5.35}$$

而由式(5.14)可得 $\boldsymbol{\kappa}_1(0)=[\boldsymbol{I}_{2d}\quad\mathbf{0}](\boldsymbol{U}^{\mathrm{T}}\otimes\boldsymbol{I}_{2d})\boldsymbol{\omega}(0)$,其中 $[\boldsymbol{I}_{2d}\quad\mathbf{0}]$ 中的 $\mathbf{0}\in\mathbf{R}^{2d\times2d(N-1)}$。由于

$$[\boldsymbol{I}_{2d}\quad\mathbf{0}](\boldsymbol{U}^{\mathrm{T}}\otimes\boldsymbol{I}_{2d})=\frac{1}{\sqrt{N}}(\mathbf{1}_N^{\mathrm{T}}\otimes\boldsymbol{I}_{2d})=\frac{1}{\sqrt{N}}[(\mathbf{1}_N^{\mathrm{T}}\otimes\boldsymbol{I}_2)\otimes\boldsymbol{I}_d]\tag{5.36}$$

则

$$\boldsymbol{\kappa}_1(t)=\frac{1}{\sqrt{N}}((\mathbf{1}_N^{\mathrm{T}}\otimes e^{At})\otimes\boldsymbol{I}_d)\boldsymbol{\omega}(0)\tag{5.37}$$

从而,由式(5.34)和式(5.37)有

$$\lim_{t\to\infty}\left\{\boldsymbol{c}_\omega(t)-\frac{1}{N}[(\mathbf{1}_N^{\mathrm{T}}\otimes e^{At})\otimes\boldsymbol{I}_d]\omega(0)\right\}=\mathbf{0}\tag{5.38}$$

另外,由引理 5.1 和 $\omega(0)=\boldsymbol{\chi}(0)-\boldsymbol{\iota}$ 可以计算得到编队中心参考函数 $\boldsymbol{c}(t)$ 满足

$$\lim_{t\to\infty}\left\{\boldsymbol{c}(t)-\frac{1}{N}[(\mathbf{1}_N^{\mathrm{T}}\otimes e^{At})\otimes\boldsymbol{I}_d](\boldsymbol{\chi}(0)-\boldsymbol{\iota})\right\}=\mathbf{0}\tag{5.39}$$

进一步整理可得结论。

注释 5.6: 定理 5.4 中给出了编队中心参考函数,与各章节保成本一致性控制中的一致函数不同,编队中心参考函数中包含编队向量项。当编队向量

$\boldsymbol{l}=\mathbf{0}$ 和维数 $d=1$ 时，编队中心参考函数就转化为一致函数。可以看出，保成本一致性控制是保成本编队控制的一个特例。从前面各章节中可以看出，多智能体系统保成本一致性控制中的一致函数描述了所有智能体整体的宏观运动。与此相对应，保成本编队控制中的编队中心参考函数描述的是编队过程中所有智能体中心点的宏观运动。这进一步说明，保成本编队控制问题可以被转化为保成本一致性控制问题进行讨论。

5.4 数值仿真与分析

在本节中，利用数值仿真验证本章前述理论结果的正确性。考虑 10 个机器人组成的多智能体系统在舞台上表演，各个智能体编号为 1～10，如图 5.2 所示。各智能体的动力学特性描述为式(5.1)，其中编号集合为 $\mathcal{I}_N=\{1,2,\cdots,10\}$ 且维数 $d=2$。在性能指标函数式(5.3)中，任意选择参数矩阵为 $\boldsymbol{Q}_l=0.8\boldsymbol{I}_4$ 和 $\boldsymbol{Q}_u=0.6\boldsymbol{I}_2$。

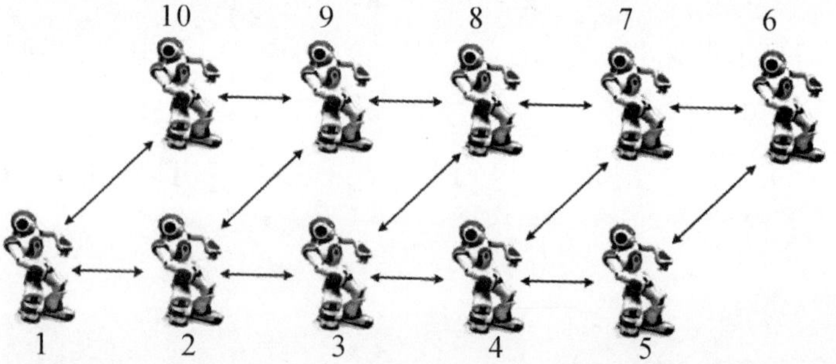

图 5.2　所有机器表演者的初始位置状态

图 5.2 所示为所有机器表演者的初始状态，在原地呈两条平行线进行表演，其中箭头表示的是两个机器表演者之间的信息交换。设每两个表演者之间的作用强度均为 1，从而可得对应拉普拉斯矩阵的最小非零特征值 $\lambda_2=0.3820$ 和最大特征值 $\lambda_N=5.6180$。按照表演安排，要求所有机器表演者实现的编队状态如图 5.3 所示。选择表演者 3 与表演者 8 的中点为原点，表演者 5 与表演者 6 的中点所在方位为 x_1 轴正方向，表演者 8 所在方位为 x_2 轴正方向，构建编队坐标系。从而，可确定初始位置状态为

$$\boldsymbol{x}_1(0)=[-16\quad 12]^{\mathrm{T}},\quad \boldsymbol{x}_2(0)=[-8\quad -12]^{\mathrm{T}}$$
$$\boldsymbol{x}_3(0)=[0\quad -12]^{\mathrm{T}},\quad \boldsymbol{x}_4(0)=[8\quad -12]^{\mathrm{T}}$$
$$\boldsymbol{x}_5(0)=[16\quad -12]^{\mathrm{T}},\quad \boldsymbol{x}_6(0)=[16\quad 12]^{\mathrm{T}}$$
$$\boldsymbol{x}_7(0)=[8\quad 12]^{\mathrm{T}},\quad \boldsymbol{x}_8(0)=[0\quad 12]^{\mathrm{T}}$$
$$\boldsymbol{x}_9(0)=[-8\quad 12]^{\mathrm{T}},\quad \boldsymbol{x}_{10}(0)=[-16\quad 12]^{\mathrm{T}}$$

且初始速度状态均为 $\mathbf{0}$。在图 5.3 中的目标编队形状可由编队向量 $\boldsymbol{l}=[\boldsymbol{l}_1^{\mathrm{T}},\boldsymbol{l}_2^{\mathrm{T}},\cdots,\boldsymbol{l}_N^{\mathrm{T}}]^{\mathrm{T}}$ 描述，其中各表演者的目标位置可描述为

$$\boldsymbol{l}_1=[-8\quad 0]^{\mathrm{T}},\quad \boldsymbol{l}_2=[-4\quad -4]^{\mathrm{T}}$$
$$\boldsymbol{l}_3=[0\quad -4]^{\mathrm{T}},\quad \boldsymbol{l}_4=[4\quad -4]^{\mathrm{T}}$$
$$\boldsymbol{l}_5=[8\quad 0]^{\mathrm{T}},\quad \boldsymbol{l}_6=[4\quad 0]^{\mathrm{T}}$$
$$\boldsymbol{l}_7=[4\quad 4]^{\mathrm{T}},\quad \boldsymbol{l}_8=[0\quad 4]^{\mathrm{T}}$$
$$\boldsymbol{l}_9=[-4\quad 4]^{\mathrm{T}},\quad \boldsymbol{l}_{10}=[-4\quad 0]^{\mathrm{T}}$$

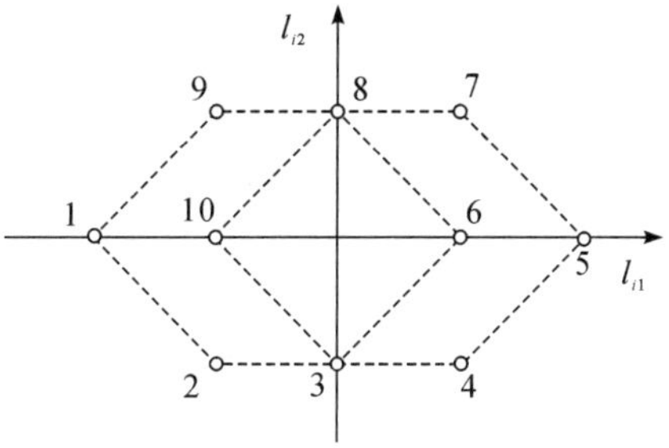

图 5.3　所有机器表演者的目标编队形状

利用 MATLAB 中的 LMI 工具包，选择矩阵 $\boldsymbol{K}_1=3.7681\boldsymbol{I}_2$，$\boldsymbol{K}_2=4.5982\boldsymbol{I}_2$ 和

$$\boldsymbol{X}=\begin{bmatrix}0.1069 & -0.0864\\ -0.0864 & 0.1387\end{bmatrix}\otimes\boldsymbol{I}_2$$

可以满足定理 5.2 中的线性矩阵不等式条件。

在仿真过程中，选择仿真步长为 $T_{\mathrm{s}}=0.001\ \mathrm{s}$。图 5.4 中给出了各表演者的位置状态变量 $\boldsymbol{x}_i(t)(i=1,2,\cdots,10)$ 的变化轨迹，其中星号（*）表示各表演者的初始位置，从各表演者的移动轨迹可以看出移动过程中存在相互牵制的作用力，可以看出 10 个表演者最终达到指定的编队位置。在图 5.5 中，显示了速度状态变量 $\boldsymbol{v}_i(t)(i=1,2,\cdots,10)$ 的变化轨迹，各机器人表演者从速度为 $\mathbf{0}$ 开始移动，最后实现编队时速度仍逐渐为 $\mathbf{0}$。在这种情况下，由定理

5.3 可计算得到保成本上界为 $J_C^* = 51284.1053$ 。由于所有初始位置状态中心为原点且初始速度状态均为 $\mathbf{0}$,由定理 5.4 得编队中心参考函数满足

$$\lim_{t \to \infty} \boldsymbol{c}_l(t) = \mathbf{0}, \lim_{t \to \infty} \boldsymbol{c}_v(t) = \mathbf{0}$$

可见,由该 10 个表演者组成的多智能体系统实现了保成本编队 $\boldsymbol{l}$。

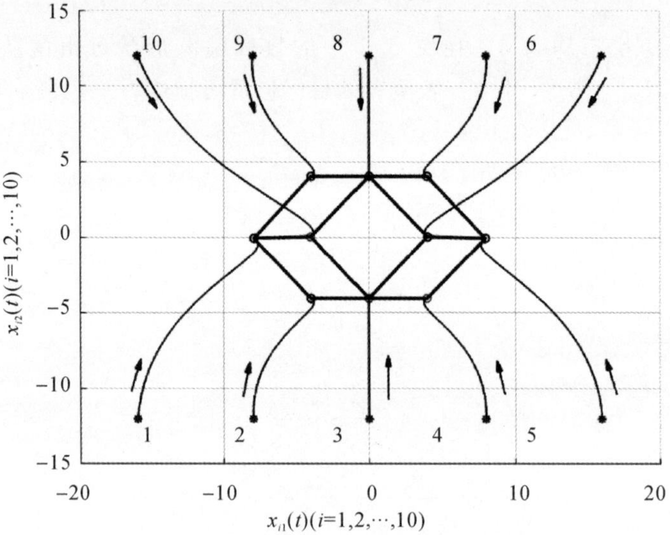

图 5.4　保成本编队控制中位置变化轨迹

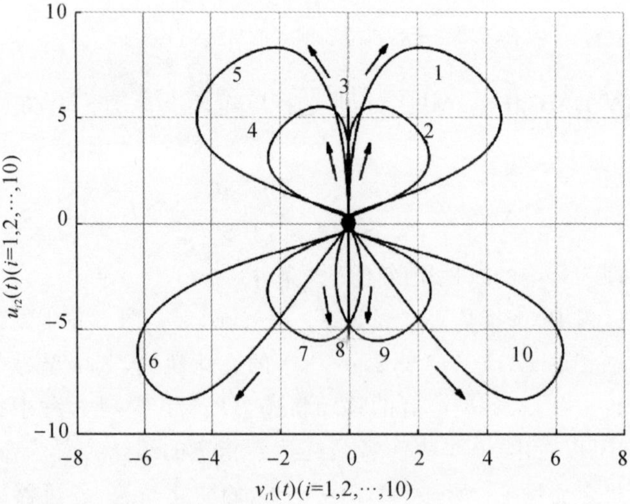

图 5.5　保成本编队控制中速度变化轨迹

5.5　本章小结

在第 2 章～第 4 章保成本一致性控制基础上，本章将保成本控制思想引入多智能体系统编队控制，介绍了固定拓扑条件下二阶多智能体系统的保成本编队控制问题，主要包括以下内容：

(1)将保成本控制思想引入编队控制，提出了多智能体系统的保成本编队控制问题。

(2)将保成本编队控制问题转化为保成本一致性控制问题，并进一步转化为高维孤立系统的保成本控制问题。

(3)在多智能体系统实现保成本编队控制时，给出了性能指标函数的一个保成本上界，确定了编队中心参考函数的显示表达式。

参考文献

[1] 席建祥. 高阶线性群系统一致性分析与综合[D]. 西安：第二炮兵工程大学，2012.

[2] VIEGAS D, BATISTA P, OLIVERIRA P, et al. Decentralized H2 observers for position and velocity estimation in vehicle formations with fixed topologies [J]. Systems and Control Letters, 2012, 61(3): 443 - 453.

[3] 吴治海. 网络环境下的多智能体系统一致性问题研究[D]. 武汉：华中科技大学，2011.

[4] REN W, ATKINS E. Distributed multi-vehicle coordinated control via local information exchange [J]. International Journal of Robust and Nonlinear Control, 2007, 17 (17): 1002 - 1033.

[5] LYNCH N. Distributed algorithms [M]. San Francisco: Morgan Kaufmann, 1996.

[6] REYNOLDS C. Flocks, birds, and schools: a distributed behavioral model [J]. Computer Graphics, 1987, 21(4): 25 - 34.

[7] VICSEK T, CZIROK A, JACOB E, et al. Novel type of phase transitions in a system of self-driven particles [J]. Physical Review Letters, 1995, 75(6): 1226 - 1229.

[8] JADBABAIE A, LIN J, MORSE A. Coordination of groups of mobile autonomous agents using nearest neighbor rules [J]. IEEE Transactions on Automatic Control, 2003, 48 (6): 988 - 1001.

[9] FAX J, MURRAY R. Information flow and cooperative control of vehicle formations [J]. IEEE Transactions on Automatic Control, 2004, 49 (9): 1465 - 1476.

[10] OLFATI-SABER R, FAX J, MURRAY R. Consensus and cooperation in networked multi-agent systems [J]. Proceedings of the IEEE, 2007, 95(1): 215 - 233.

[11] MURRAY M. Recent research in cooperative control of multi-vehicle systems [J]. Journal of Dynamic Systems, Measurement, and Con-

trol, 2007, 129(5): 571 - 583.

[12] REN W, BEARD R, ATKINS E. Information consensus in multivehicle cooperative control [J]. IEEE Control Systems Magazine, 2007, 27(2): 71 - 82.

[13] REN W, BEARD R, ATKINS E. A survey of consensus problems in multi-agent coordination [C]. Proceedings of American Control Conference, Portland, USA, 2005: 1859 - 1864.

[14] OLFATI-SABER R, MURRAY R. Consensus problems in networks of agents with switching topology and time-delays [J]. IEEE Transactions on Automatic Control, 2004, 49(9): 1520 - 1533.

[15] REN W, MOORE K, CHEN Y. High-order and model reference consensus algorithms in cooperative control of multivehicle systems [J]. Journal of Dynamic Systems, Measurement, and Control, 2007, 129(5): 678 - 688.

[16] XIAO F, WANG L. Consensus problems for high-dimensional multiagent systems [J]. IET Control Theory and Applications, 2007, 1(3): 830 - 837.

[17] XIAO F, WANG L. State consensus for multi-agent systems with switching topologies and time-varying delays [J]. International Journal of Control, 2006, 79(10): 1277 - 1284.

[18] Cortés J. Finite-time convergent gradient flows with applications to network consensus [J]. Automatica, 2006, 42(11): 1993 - 2000.

[19] REN W, BEARD R. Distributed consensus in multi-vehicle cooperative control [M]. London: Springer-Verlag Press, 2008.

[20] MESBAHI M, EGERSTEDT M. Graph theoretic methods for multiagent networks [M]. Princeton: Princeton University Press, 2010.

[21] REN W, CAO Y. Distributed coordination of multi-agent networks [M]. London: Springer-Verlag Press, 2011.

[22] CAO Y, YU W, REN W, et al. An overview of recent progress in the study of distributed multi-agent coordination [J]. IEEE Transactions on Industrial Informatics, 2013, 9(1): 427 - 438.

[23] Chen Y, Lü J, Yu X, et al. Multi-agent systems with dynamical topologies: consensus and applications [J]. IEEE Circuits and Systems

Magazine, 2013, 13(3): 21 - 34.

[24] 闵海波，刘源，王仕成，等. 多个体协调控制问题综述[J]. 自动化学报，2012, 38 (10): 1157 - 1170.

[25] 许耀赟，田玉平. 线性及非线性一致性问题综述[J]. 控制理论与应用，2014, 31 (7): 837 - 849.

[26] LIN Z, BROUCKE M, FRANCIS B. Local control strategies for groups of mobile autonomous agents [J]. IEEE Transactions on Automatic Control, 2004, 49(4): 622 - 629.

[27] REN W. On consensus algorithms for double-integrator dynamics [J]. IEEE Transactions on Automatic Control, 2008, 53(6): 1503 - 1509.

[28] QIN J, GAO H, ZHANG W. Consensus strategy for a class of multi-agents with discrete second-order dynamics [J]. International Journal of Robust and Nonlinear Control, 2012, 22(4): 437 - 452.

[29] YU W, CHEN G, CAO M. Some necessary and sufficient conditions for second-order consensus in multi-agent dynamical systems [J]. Automatica, 2010, 46(6): 1089 - 1095.

[30] XIE D, WANG S. Consensus of second-order discrete-time multi-agent systems with fixed topology [J]. Journal of Mathematical Analysis and Applications, 2012, 387(1): 8 - 16.

[31] YANG T, MENG Z, Dimarogonas D, et al. Global consensus for discrete-time multi-agent systems with input saturation constraints [J]. Automatica, 2014, 50(2): 499 - 506.

[32] ZHANG W, ZENG D, QU S. Dynamic feedback consensus control of a class of high-order multi-agent systems [J]. IET Control Theory and Applications, 2010, 10(4): 2219 - 2222.

[33] YU W, CHEN G, REN W, et al. Distributed higher order consensus protocols in multi-agent dynamical systems [J]. IEEE Transactions on Circuits and Systems-I: Regular Papers, 2011, 58(8): 1924 - 1932.

[34] XI J, CAI N, ZHONG Y. Consensus problems for high-order linear time-invariant swarm systems [J]. Physica A, 2010, 389(24): 5619 - 5627.

[35] XI J, CAI N, ZHONG Y. Consensus problems for high-order LTI swarm systems [C]// Proceedings of Chinese Control Conference, Beijing, China, 2010: 4483 - 4487.

[36] WANG J, CHENG D, HU X. Consensus of multi-agent linear dynamic systems [J]. Asian Journal of Control, 2008, 10(1): 144 - 155.

[37] YOU K, XIE L. Network topology and communication data rate for consensusability of discrete-time multi-agent systems [J]. IEEE Transactions on Automatic Control, 2011, 56(10): 2262 - 2275.

[38] ZHOU B, XU C, DUAN G. Distributed and truncated reduced-order observer based output feedback consensus of multi-agent systems [J]. IEEE Transactions on Automatic Control, 2014, 59(8): 2264 - 2270.

[39] LI Z, LSHIGURO H. Consensus of linear multi-agent systems based on full-order observer [J]. Journal of the Franklin Institute, 2014, 351(2): 1151 - 1160.

[40] XI J, SHI Z, ZHONG Y. Output consensus analysis and design for high-order linear swarm systems: partial stability method [J]. Automatica, 2012, 48(9): 2335 - 2343.

[41] XI J, SHI Z, ZHONG Y. Output consensus for high-order linear time-invariant swarm systems [J]. International Journal of Control, 2012, 85(4): 350 - 360.

[42] YU W, ZHENG W, CHEN G, et al. Second-order consensus in multi-agent dynamical systems with sampled position data [J]. Automatica, 2011, 47(7): 1496 - 1503.

[43] ABDESSAMEUDA A, TAYEBI A. On consensus algorithms design for double integrator dynamics [J]. Automatica, 2013, 49 (1): 253 - 260.

[44] ABDESSAMEUD A, TAYEBI, A. On consensus algorithms for double-integrator dynamics without velocity measurements and with input constraints [J]. Systems and Control Letters, 2010, 59(12): 812 - 821.

[45] LI J, REN W, XU S. Distributed containment control with multiple dynamic leaders for double-integrator dynamics using only position measurements [J]. IEEE Transactions on Automatic Control, 2012, 57(6): 1553 - 1559.

[46] DING L, YU P, LIU Z, et al. Consensus and performance optimisation of multi-agent systems with position-only information via impulsive control [J]. IET Control Theory and Applications, 2013, 7(1): 16 - 24.

[47] REN W, BEARD R. Consensus seeking in multiagent systems under

dynamically changing interaction topologies [J]. IEEE Transactions on Automatic Control, 2005, 50 (5): 655 - 661.

[48] LI T, XIE L. Distributed consensus over digital networks with limited bandwidth and time-varying topologies [J]. Automatica, 2011, 47 (9): 2006 - 2015.

[49] ZHANG X, LIU X. Consensus of second-order multi-agent systems with disturbances generated by nonlinear exosystems under switching topologies [J]. Journal of the Franklin Institute, 2014, 351(1): 473 - 486.

[50] HU H, LIU A, XUAN Q, et al. Second-order consensus of multi-agent systems in the cooperation-competition network with switching topologies: a time-delayed impulsive control approach [J]. Systems and Control Letters, 2013, 62(12): 1125 - 1135.

[51] HONG Y, GAO L, CHENG D, et al. Lyapunov-based approach to multiagent systems with switching jointly connected interconnection [J]. IEEE Transactions on Automatic Control, 2007, 52(5): 943 - 948.

[52] ZHANG Y, TIAN Y. Consentability and protocol design of multi-agent systems with stochastic switching topology [J]. Automatica, 2009, 45(5): 1195 - 1201.

[53] XI J, SHI Z, ZHONG Y. Stable-protocol output consensualization for high-order swarm systems with switching topologies [J]. International Journal of Robust and Nonlinear Control, 2013, 23(18): 2044 - 2059.

[54] ZHU J, YUAN L. Consensus of high-order multi-agent systems with switching topologies [J]. Linear Algebra and Its Applications, 2014, 443: 105 - 119.

[55] YANG T, JIN Y, WANG W, et al. Consensus of high-order continuous-time multi-agent systems with time-delays and switching topologies [J]. Chinese Physic B,2011,20(2): 020511.

[56] SU Y, HUANG J. Stability of a class of linear switching systems with applications to two consensus problems [J]. IEEE Transactions on Automatic Control, 2012, 57(6): 1420 - 1430.

[57] SU Y, HUANG J. Two consensus problems for discrete-time multi-agent systems with switching network topology [J]. Automatica,

2012, 48(9): 1988 - 1997.

[58] GUAN Y, JI Z, ZHANG L, et al. Decentralized stabilizability of multi-agent systems under fixed and switching topologies [J]. Systems and Control Letters, 2013, 62(5): 438 - 446.

[59] HATANO Y, MESBAHI M. Agreement over random networks [J]. IEEE Transactions on Automatic Control, 2005, 50 (11): 1867 - 1872.

[60] PORFIRI M, STILWELL D. Consensus seeking over random weighted directed graphs [J]. IEEE Transactions on Automatic Control, 2007, 52(9): 1767 - 1773.

[61] TAHBAZ-SALEHI A, JADBABAIE A. A necessary and sufficient condition for consensus over random networks [J]. IEEE Transactions on Automatic Control, 2008, 53(3): 791 - 795.

[62] TAHBAZ-SALEHI A, JADBABAIE A. Consensus over ergodic stationary graph processes [J]. IEEE Transactions on Automatic Control, 2010, 55(1): 225 - 230.

[63] ABAID N. Consensus over numerosity-constrained random networks [J]. IEEE Transactions on Automatic Control, 2011, 56 (3): 649 - 654.

[64] SONG Q, CHEN G, HO D. On the equivalence and condtion of different consensus over a random network generated by i. i. d. stochastic matrices [J]. IEEE Transactions on Automatic Control, 2011, 56(5): 1203 - 1207.

[65] KAR S, MOURA J. Sensor networks with random links: topology design for distributed consensus [J]. IEEE Transactions on Signal Processing, 2008, 56(7): 3315 - 3326.

[66] KAR S, MOURA J. Distributed consensus algorithms in sensor networks with imperfect communication: link failures and channel noise [J]. IEEE Transactions on Signal Processing, 2009, 57 (1): 355 - 369.

[67] PEREIRA S, PAGÈS-ZAMORA A. Mean square convergence of consensus algorithms in random WSNs [J]. IEEE Transactions on Signal Processing, 2010, 58(5): 2866 - 2874.

[68] SUN F, GUAN Z, ZHAN X, et al. Consensus of second-order and high-order discretetime multi-agent systems with random networks [J]. Nonlinear Analysis: Real World Applications, 2012, 13(1): 1979－1990.

[69] 王忠，席建祥，姚志成，等. 时变概率随机拓扑条件下高阶群系统一致性分析[J]. 控制与决策，2014，29(7)：1153－1159.

[70] ZHANG Y, TIAN Y. Maximum allowable loss probability for consensus of multi-agent systems over random weighted lossy networks [J]. IEEE Transactions on Automatic Control, 2012, 57(8): 2127－2132.

[71] WU C. Synchronization and convergence of linear dynamics in random directed networks [J]. IEEE Transactions on Automatic Control, 2006, 51(7): 1207－1210.

[72] PORFIRI M, Stilwell D, Bollt E. Synchronization in random weighted directed networks [J]. IEEE Transactions Circuits and Systems-I: Regular Papers, 2008, 55 (10): 3170－3177.

[73] LIU C, LIU F. Consensus analysis for multiple autonomous agents with input delay and communication delay [J]. International Journal of Control, Automation, and Systems, 2012, 10(5): 1005－1012.

[74] BLIMAN P, FERRARI-TRECATE G. Average consensus problems in networks of agents with delayed communications [J]. Automatica, 2008, 44(8): 1985－1995.

[75] LIN P, JIA Y. Average consensus in networks of multi-agents with both switching topology and coupling time-delay [J]. Physica A, 2008, 387(1): 303－313.

[76] LIN P, JIA Y. Multi-agent consensus with diverse time-delays and jointly-connected topologies [J]. Automatica, 2011, 47(4): 848－856.

[77] Münz U, Papachristodoulou A, Allgöwer F. Consensus in multi-agent systems with coupling delays and switching topology [J]. IEEE Transactions on Automatic Control, 2011, 56(12): 2976－2982.

[78] SUN Y. Average consensus in networks of dynamic agents with uncertain topologies and time-varying delays [J]. Journal of the Franklin Institute, 2012, 349(4): 1061－1073.

[79] QIAO W, SIPAHI R. Delay-dependent coupling for a multi-agent LTI consensus system with inter-agent delays [J]. Physica D, 2014, 267

(1): 112 - 122.
[80] XIAO F, LIU F. Consensus protocols for discrete-time multi-agent systems with time-varying delays [J]. Automatica, 2008, 44(10): 2577 - 2582.
[81] CAO M, MORSE A, Anderson B. Reaching a consensus in a dynamically changing environment: a graphical approach & convergence ranges, measurement delays, and asynchronous events [J]. SIAM Journal on Control and Optimization, 2008, 47(2): 575 - 623.
[82] HADJICOSTIS C, CHARALAMBOUS T. Average consensus in the presence of delays in directed graph topologies [J]. IEEE Transactions on Automatic Control, 2014, 59(3): 763 - 768.
[83] LIN P, REN W. Constrained consensus in unbalanced networks with communication delays [J]. IEEE Transactions on Automatic Control, 2014, 59(3): 775 - 781.
[84] YU W, CHEN G, CAO M. On second-order consensus in multi-agent dynamical systems with directed topologies and time delays [C]. Proceedings of Joint IEEE Conference on Decision and Control and Chinese Control Conference, Shanghai, China, 2009: 3709 - 3714.
[85] LIN P, JIA Y. Consensus of a class of second-order multi-agent systems with time-delay and jointly-connected topologies [J]. IEEE Transactions on Automatic Control, 2010, 55(3): 778 - 784.
[86] QIN J, GAO H, ZHENG W. Second-order consensus for multi-agent systems with switching topology and communication delay [J]. Systems and Control Letters, 2011, 60(6): 390 - 397.
[87] LIN P, DAI M, SONG Y. Consensus stability of a class of second-order multi-agent systems with nonuniform time-delays [J]. Journal of the Franklin Institute, 2014, 351(3): 1571 - 1576.
[88] HU J, LIN Y. Consensus control for multi-agent systems with double-integrator dynamics and time delays [J]. IET Control Theory and Applications, 2010, 4(1): 109 - 118.
[89] MIAO G, WANG Z, MA Q, et al. Consensus of second-order multi-agent systems with nonlinear dynamics and time delays [J]. Neural Computing and Applications, 2013, 23(3 - 4): 761 - 767.

[90] LIN P, JIA Y. Consensus of second-order discrete-time multi-agent systems with nonuniform time-delays and dynamically changing topologies [J]. Automatica, 2009, 45(9): 2154 - 2158.

[91] GAO Y, MA J, MIN Z, et al. Consensus of discrete-time second-order agents with time-varying topology and time-varying delays [J]. Journal of the Franklin Institute, 2012, 349(8): 2598 - 2608.

[92] XI J, SHI Z, ZHONG Y. Consensus analysis and design for high-order linear swarm systems with time-varying delays [J]. Physica A: Statistical Mechanics and its Applications, 2011, 390(23 - 24): 4114 - 4123.

[93] XI J, SHI Z, ZHONG Y. Consensus for high-order linear time-invariant swarm systems with time-varying delays [C]// Proceedings of Chinese Control Conference, Yan-tai, China, 2011: 4846 - 4851.

[94] CUI Y, JIA Y. L_2-L_∞ consensus control for high-order multi-agent systems with switching topologies and time-varying delays [J]. IET Control Theory and Applications, 2012, 6(12): 1933 - 1940.

[95] WANG Z, XU J, ZHANG H. Consensusability of multi-agent systems with time-varying communication delay [J]. Systems and Control Letters, 2014, 64(1): 37 - 42.

[96] ZHOU B, LIN Z. Consensus of high-order multi-agent systems with large input and communication delays [J]. Automatica, 2014, 50(2): 452 - 464.

[97] XU J, ZHANG H, XIE L. Input delay margin for consensusability of multi-agent systems [J]. Automatica, 2013, 49(6): 1816 - 1820.

[98] LIN P, LI Z, JIA Y, et al. High-order multi-agent consensus with dynamically changing topologies and time-delays [J]. IET Control Theory and Applications, 2011, 5(8): 976 - 981.

[99] XI J, SHI Z, LIU G, et al. Dynamic output feedback consensuzlization of uncertain swarm systems with time delays [J]. Asian Journal of Control, 2013, 15(4): 1228 - 1237.

[100] 刘成林，田玉平. 具有时延的多个体系统的一致性问题综述[J]. 控制与决策，2009，24(11)：1601 - 1608.

[101] DJAIDJA S, WU Q, FANG H. Consensus of double-integrator

multi-agent systems without relative state derivatives under communication noises and directed topologies [J]. Journal of the Franklin Institute, 2015, 352(3): 897 - 912.

[102] LI T, WU F, ZHANG J. Multi-agent consensus with relative-state-dependent measurement noises [J]. IEEE Transactions on Automatic Control, 2014, 59(9): 2463 - 2468.

[103] YU W, REN W, ZHENG W, et al. Distributed control gains design for consensus in multi-agent systems with second-order nonlinear dynamics [J]. Automatica, 2013, 49(7): 2107 - 2115.

[104] LIU T, JIANG Z. Distributed nonlinear control of mobile autonomous multi-agents [J]. Automatica, 2014, 50(4): 1075 - 7086.

[105] MA L, MIN H, WANG S, et al. Consensus of nonlinear multi-agent systems with self and communication time delays: a unified framework [J]. Journal of the Franklin Institute, 2015, 352(3): 745 - 760.

[106] MEI J, REN W, MA G. Distributed tracking with a dynamic leader for multiple Euler-Lagrange systems [J]. IEEE Transactions on Automatic Control, 2011, 56(6): 1415 - 1421.

[107] LIU Y, MIN H, WANG S, et al. Distributed adaptive consensus for multiple mechanical systems with switching topologies and time-varying delay [J]. Systems and Control Letters, 2014, 64: 119 - 126.

[108] MA Q, WANG Z, MIAO G. Second-order group consensus for multi-agent systems via pinning leader-following approach [J]. Journal of the Franklin Institute, 2014, 351 (3): 1288 - 1300.

[109] CAI H, HUANG J. The leader-following attitude control of multiple rigid spacecraft systems [J]. Automatica, 2014, 50(4): 1109 - 1115.

[110] LOU Y, HONG Y. Target containment control of multi-agent systems with random switching interconnection topologies [J]. Automatica, 2012, 48(5): 879 - 885.

[111] LIU B, SU H, LI R, et al. Switching controllability of discrete-time multi-agent systems with multiple leaders and time-delays [J]. Applied Mathematics and Computa-tion, 2014, 228: 571 - 588.

[112] LI T, FU M, XIE L, et al. Distributed consensus with limited communication data rate [J]. IEEE Transactions on Automatic Control,

2011，56(2)：279 - 292.

[113] LI D，LIU Q，WANG X，et al. Consensus seeking over directed networks with limited information communication [J]. Automatica，2013，49(2)：610 - 618.

[114] WEN G，HY G，YU W，et al. Consensus tracking for higher-order multi-agent systems with switching directed topologies and occasionally missing control inputs [J]. Systems and Control Letters，2013，62(6)：1151 - 1158.

[115] 郑元世. 分布式异质多智能体系统的协调问题研究[D]. 西安：西安电子科技大学，2012.

[116] LIU Y，MIN H，WANG S，et al. Distributed consensus of a class of networked heterogeneous multi-agent systems [J]. Journal of the Franklin Institute，2014，351 (3)：1700 - 1716.

[117] VALCHER M，MISRA P. On the consensus and bipartite consensus in high-order multi-agent dynamical systems with antagonistic interactions [J]. Systems and Control Letters，2014，66：94 - 103.

[118] ALTAFINI C. Consensus problems on networks with antagonistic interactions [J]. IEEE Transactions on Automatic Control，2013，58 (4)：935 - 946.

[119] HAN G，GUAN Z，CHENG X，et al. Multiconsensus of second order multiagent systems with directed topologies [J]. International Journal of Control，Automation，and Sys-tems，2013，11(6)：1122 - 1127.

[120] JIANG H，ZHANG L，GUO S. Cluster anti-consensus in directed networks of multi-agents based on the Q-theory [J]. Journal of the Franklin Institute，2014，351(10)：4802 - 4816.

[121] CAO Y，STUART D，REN W，et al. Distributed containment control for multiple autonomous vehicles with double-integrator dynamics：algorithms and experiments [J]. IEEE Transactions on Control Systems Technology，2011，19(4)：929 - 938.

[122] DONG X，XI J，LU G，et al. Containment analysis and design for high-order linear time-invariant singular swarm systems with time delays [J]. International Journal of Robust and Nonlinear Control，

2014, 24(7): 1189 - 1204.

[123] CHEN F, CHEN Z, XIANG L, et al. Reaching a consensus via pinning control [J]. Automatica, 2009, 45(5): 1215 - 1220.

[124] SONG Q, CAO J, YU W. Second-order leader-following consensus of nonlinear multi-agent systems via pinning control [J]. Systems and Control Letters, 2010, 59(9): 553 - 562.

[125] YU W, ZHOU L, YU X, et al. Consensus in multi-agent systems with second-order dynamics and sampled data [J]. IEEE Transactions on Industrial Informatics, 2013, 9(4): 2137 - 2146.

[126] WANG Z, XI J, YAO Z, et al. Hybrid consensus for swarm systems with discrete-time communication: time delay approach [C]// Proceedings of International Conference on Mechatronics and Control, Jinzhou, China, 2014: 375 - 380.

[127] TAN C, LIU G. Consensus of discrete-time linear networked multi-agent systems with communication delays [J]. IEEE Transactions on Automatic Control, 2013, 58(11): 2962 - 2968.

[128] 谭冲. 基于预测控制方法的网络化多智能体系统一致性问题研究[D]. 哈尔滨: 哈尔滨工业大学, 2013.

[129] HU A, CAO J, Hu M, et al. Consensus of a leader-following multi-agent system with negative weights and noises [J]. IET Control Theory and Applications, 2014, 8(2): 114 - 119.

[130] FAN M, CHEN Z, ZHANG H. Semi-global consensus of nonlinear second-order multi-agent systems with measurement output feedback [J]. IEEE Transactions on Automatic Control, 2014, 59(8): 2222 - 2227.

[131] Chen Y, Lü J, Yu X. Robust consensus of multi-agent systems with time-varying delays in noisy environment [J]. Science China: Technological Sciences, 2011, 54(8): 2014 - 2023.

[132] WANG J, XIN M. Multi-agent consensus algorithm with obstacle avoidance via optimal control approach [J]. International Journal of Control, 2010, 83(12): 2606 - 2621.

[133] XIAO F, WANG L, CHEN T. Finite-time consensus in networks of integrator-like dynamic agents with directional link failure [J]. IEEE Transactions on Automatic Control, 2014, 59(3): 756 - 762.

[134] YANG W, WANG X, SHI H. Fast consensus seeking in multi-agent systems with time delay [J]. Systems and Control Letters, 2013, 62(3): 269-276.
[135] HENDRICKX J, SHI G, JOHANSSON K. Finite-time consensus using stochastic matrices with positive diagonals [J]. IEEE Transactions on Automatic Control, 2015, 60(4): 1070-1073.
[136] 刘智伟. 基于混杂系统的复杂多智能体网络同步一致性研究[D]. 武汉: 华中科技大学, 2011.
[137] GUAN Z, LIU Z, FENG G, et al. Impulsive consensus algorithms for second-order multi-agent networks with sampled information [J]. Automatica, 2012, 48(7): 1397-1404.
[138] ZHANG H, ZHOU J. Distributed impulsive consensus for second-oreder multi-agent systems with time delays [J]. IET Control Theory and Applications, 2013, 7(16): 1978-1983.
[139] 丁磊. 不同数据触发机制下的多智能体系统一致性及 H_∞ 滤波[D]. 大连: 大连海事大学, 2014.
[140] ZHANG X, CHEN M, WANG L, et al. Connection-graph-based event-triggered output consensus in multi-agent systems with time-varying couplings [J]. IET Control Theory and Applications, 2015, 9(1): 1-9.
[141] XIAO L, BOYD S. Faster linear iterations for distributed averaging [J]. Systems and Control Letters, 2004, 53(1): 65-78.
[142] DELVENNE J, CARLI R, ZAMPIERI S. Optimal strategies in the average consensus problem [C]// Proceedings of IEEE Conference Decision Control, New Orleans, USA, 2007: 2498-2503.
[143] RAFIEE M, BAYEN A. Optimal network topology design in multi-agent systems for efficient average consensus [C]// Proceedings of IEEE Conference on Decision and Control, Atlanta, USA, 2010: 3877-3883.
[144] ZHAO H, XU S, YUAN D, et al. Minimum communication cost consensus in multi-agent systems with Markov chain patterns [J]. IET Control Theory and Applications, 2011, 5(1): 63-68.
[145] RODRIGUES DE CAMPOS G, SEURET A. Improved consensus al-

gorithms using memory effects [C]// Proceedings of IEEE Conference on Decision and Control and European Control Conference, Orlando, USA, 2011: 982 - 987.

[146] WU Z, FANG H. Delayed-state-derivative feedback for improving consensus performance of second-order delayed multi-agent systems [J]. International Journal of Systems Science, 2012, 43(1): 140 - 152.

[147] WU Z, FANG H, SHE Y. Improvement for consensus performance of multi-agent systems based on weighted average prediction [J]. IEEE Transactions on Systems and Man and Cybernetics-Part B: Cybernetics, 2012, 42(5): 1501 - 1508.

[148] SEMSAR-KAZEROONI E, KHORASANI K. Optimal consensus seeking in a network of multiagent systems: An LMI approach [J]. IEEE Transactions on Systems, Man, and Cybernetics-Part B: Cybernetics, 2010, 40(2): 540 - 547.

[149] BAUSO D, GIARRE L, PESENTI R. Non-linear protocols for optimal distributed consensus in networks of dynamic agents [J]. Systems and Control Letters, 2006, 55 (11): 918 - 928.

[150] SEMSAR-KAZEROONI E, KHORASANI K. Optimal consensus algorithms for cooperative team of agents subject to partial information [J]. Automatica, 2008, 44(11): 2766 - 2777.

[151] NEDIC A, OZDAGLAR A, PARRILO P A. Constrained consensus and optimization in multi-agent networks [J]. IEEE Transactions on Automatic Control, 2010, 55(4): 922 - 938.

[152] 刘为凯. 复杂多智能体网络的协调控制及优化研究[D]. 武汉：华中科技大学，2011.

[153] SHI G, JOHANSSON K, HONG Y. Reaching an optimal consensus: Dynamical systems that compute intersections of convex sets [J]. IEEE Transactions on Automatic Control, 2013, 58(3): 610 - 622.

[154] DONG W. Distributed optimal control of multiple systems [J]. International Journal of Control, 2010, 83(10): 2067 - 2079.

[155] ZHANG D, MENG L, WANG X, et al. Linear quadratic regulator control of multi-agent systems [J]. Optimal Control Applications and Methods, 2015, 36(1): 45 - 59.

[156] MOVRIC K, LEWIS F. Cooperative optimal control for multi-agent systems on directed graph topologies [J]. IEEE Transactions on Automatic Control, 2014, 59(3): 769 - 774.

[157] CAO Y, REN W. Optimal linear consensus algorithms: an LQR perspective [J]. IEEE Transactions on Systems, Man, and Cybernetics-Part B: Cybernetics, 2010, 40(3): 819 - 830.

[158] LI Z, SUN G, GAO H. Guaranteed cost control for discrete-time Markovian jump linear system with time delay [J]. International Journal of Systems Science, 2013, 44(7): 1312 - 1324.

[159] PETERSEN I R. Guaranteed cost control of stochastic uncertain systems with slope bounded nonlinearities via the use of dynamic multipliers [J]. Automatica, 2011, 47 (2): 411 - 417.

[160] CHEN W, GUAN Z, LU X. Delay-dependent guaranteed cost control for uncertain discrete-time systems with both state and input delays [J]. Journal of the Franklin Institute, 2004, 341(5): 419 - 430.

[161] WANG Z, XI J, YAO Z, et al. Guaranteed cost consensus for multi-agent systems with fixed topologies [J]. Asian Journal of Control, 2015, 17(2): 729 - 735.

[162] GUAN Z, HU B, CHI M, et al. Guaranteed performance consensus in second-order multi-agent systems with hybrid impulsive control [J]. Automatica, 2014, 50(9): 2415 - 2418.

[163] CHENG Y, UGRINOVSKII V. Guaranteed performance leader-follower control for multi-agent systems with linear IQC constrained coupling [C]// Proceedings of American Control Conference, Washington, USA, 2013: 2625 - 2630.

[164] CHENG Y, UGRINOVSKII V, WEN G. Guaranteed cost tracking for uncertain coupled multi-agent systems using consensus over a directed graph [C]// Proceedings of Australian Control Conference, Perth, Western Australia, 2013: 375 - 378.

[165] TANG Y, GAO H, KURTHS H. Distributed robust synchronization of dynamical net-works with stochastic coupling [J]. IEEE Transactions on Circuits and Systems-Part I: Regular Papers, 2014, 61(5): 1508 - 1519.

[166] CARLI R, ZAMPIERI S. Network clock synchronization based on the second-order linear consensus algorithm [J]. IEEE Transactions on Automatic Control, 2014, 59 (2): 409 - 422.

[167] HENGSTER-MOVRIC K, YOU K, LEWIS F, et al. Synchronization of discrete-time multi-agent systems on graphs using Riccati design [J]. Automatica, 2013, 49(2): 414 - 423.

[168] OLFATI-SABER R. Flocking for multi-agent dynamic systems: algorithms and theory [J]. IEEE Transactions on Automatic Control, 2006, 51(3): 401 - 420.

[169] SU H, WANG X, LIN Z. Flocking of multi-agent with a virtual leader [J]. IEEE Transactions on Automatic Control, 2009, 54(2): 293 - 307.

[170] YU W, CHEN G, CAO M. Distributed leader-follower flocking control for multi-agent dynamical systems with time-varying velocities [J]. Systems and Control Letters, 2010, 59(9): 543 - 552.

[171] YU J, LAVALLE S, LIBERZON D. Rendezvous without coordinates [J]. IEEE Transactions on Automatic Control, 2012, 57(2): 421 - 434.

[172] MENON P, EDWARDS C. Robust fault estimation using relative information in linear multi-agent networks [J]. IEEE Transactions on Automatic Control, 2014, 59(2): 477 - 482.

[173] 姜丽梅. 弱通信条件下多 AUV 编队控制及协作机制研究 [D]. 哈尔滨：哈尔滨工程大学，2012.

[174] REN W. Consensus based formation control strategies for multi-vehicle systems [C]// Proceedings of American Control Conference, Minneapolis, Minnesota, USA, 2006: 4237 - 4242.

[175] REN W. Consensus strategies for cooperative control of vehicle formations [J]. IET Control Theory and Applications, 2007, 1(2): 505 - 512.

[176] REN W, SORENSEN N. Distributed coordination architecture for multi-robot formation control [J]. Robotics and Autonomous Systems, 2008, 56(4): 324 - 333.

[177] XIE G, WANG L. Moving formation convergence of a group of mobile robots via decentralized information feedback [J]. International

Journal of Systems Science, 2009, 40(10): 1019 - 1027.

[178] LIU C, TIAN Y. Formation control of multi-agent systems with heterogeneous communication delays [J]. International Journal of Systems Science, 2009, 40(6): 627 - 636.

[179] CAI N, ZHONG Y. Formation controllability of high-order linear time-invariant swarm systems [J]. IET Control Theory and Applications, 2010, 4(4): 646 - 654.

[180] HU J, XIAO Z, ZHOU Y, et al. Formation control over antagonistic networks [C]// Proceedings of Chinese Control Conference, Xi'an, China, 2013: 6879 - 6880.

[181] DONG X, YU B, SHI Z, et al. Time-varying formation control for unmanned aerial vehicles: theories and applicaitions [J]. IEEE Transcations on Control Systems Technology, 2015, 23(1): 340 - 348.

[182] DONG X, XI J, LU G, et al. Formation control for high-order linear time-invariant multi-agent systems with time delays [J]. IEEE Transcations on Control of Network Systems, 2014, 1(3): 232 - 240.

[183] 董希旺. 高阶线性群系统编队合围控制[D]. 北京：清华大学，2014.

[184] XIAO F, WANG L, CHEN J, et al. Finite-time formation control for multi-agent systems [J]. Automatica, 2009, 45(11): 2605 - 2611.

[185] ZHAO Y, DUAN Z, WEN G, et al. Distributed finite-time tracking control for multi-agent systems: an observer-based approach [J]. Systems and Control Letters, 2013, 62(1): 22 - 28.

[186] LIU Y, GENG Z. Finite-time optimal formation control for second-order multi-agent systems [J]. Asian Journal of Control, 2014, 16(1): 138 - 148.

[187] 程云鹏. 矩阵论[M]. 3版. 西安：西北工业大学出版社，2008.

[188] HORN R, JOHNSON C. Matrix analysis [M]. Cambridge: Cambridge University Press, 1985.

[189] GAHINET P, NEMIROVSKII A, Laub A, et al. LMI Control Toolbox User's Guide [M]. MA: The Math Works, Natick, 1995.

[190] 俞立. 鲁棒控制—线性矩阵不等式处理方法[M]. 北京：清华大学出版社，2002.

[191] GODSIL C, ROYAL G. Algebraic graph theory [M]. New York:

Springer-Verlag Press，2001.
[192] 郑大钟. 线性系统理论[M]. 2 版. 北京：清华大学出版社，2002.
[193] 胡寿松. 自动控制原理[M]. 5 版. 北京：科学出版社，2007.
[194] NI W，CHENG D. Leader-following consensus of multi-agent systems under fixed and switching topologies [J]. Systems and Control Letters，2010，59(2)：209－217.
[195] SEURET A，GOUAISBAUT F. Wirtinger-based integral inequality：application to time-delay systems [J]. Automatica，2013，49(9)：2860－2866.
[196] ZHANG X，WU M，SHE J，et al. Delay-dependent stabilization of linear systems with time-varying state and input delays [J]. Automatica，2005，41(8)：1405－1412.
[197] WANG Z，FAN Z，LIU G. Guaranteed performance consensus problems for nonlinear multi-agent systems with directed topologies [J]. International Journal of Control，2018，DOI：10. 1080/ 00207179. 2018. 1467043.
[198] ZHOU X，SHI P，LIM C C，et al. Event based guaranteed cost consensus for distributed multi-agent systems [J]. Journal of the Franklin Institute，2015，352：3546－3563.
[199] XI J，FAN Z，LIU H，et al. Guaranteed-cost consensus for multiagent networks with Lipschitz nonlinear dynamics and switching topologies [J]. International Journal of Robust and Nolinear Control，2018，28(7)：2841－2852.
[200] ZHENG T，HE M，XI J，et al. Leader-following guaranteed-performance consensus design for singular multi-agent systems with Lipschitz nonlinear dynamics [J]. Neurocomputing，2017，266：651－658.

后　记

本书聚焦于多智能体系统的一致性控制，重点讲述利用孤立系统中的保成本控制思想分析多智能体系统的优化一致性控制问题，同时考虑多智能体系统的一致性调节性能和一致性控制过程中的能量消耗，分别介绍固定拓扑、切换拓扑和时间延迟等因素对多智能体系统保成本一致性控制的影响，并基于一致性控制策略解决多个智能体的保成本编队控制问题。

本书分别对固定拓扑、切换拓扑和时间延迟条件下的多智能体系统保成本一致性控制进行了介绍。事实上，近年来还有很多与保成本一致性控制相关的相关研究成果及可能的研究方向，归纳起来可从以下几个方面展开：

(1)本书中多智能体系统的所有智能体之间通信互联所形成的拓扑结构是无向作用拓扑，而在某些实际情况下作用拓扑是有向的。有向作用拓扑的拉普拉斯矩阵具有非对称性，导致不能直接采用本书中的分析方法处理有向作用拓扑条件下的保成本一致性控制问题，从而需要引入新的分析思路来处理。如文献[162]和[197]考虑了有向作用拓扑条件下多智能体系统的保成本一致性控制问题，其中要求所有智能体之间的有向作用拓扑是强连通。

(2)本书中介绍了固定拓扑、切换拓扑和相同时间延迟等因素对多智能体系统保成本一致性控制问题的影响。在进一步的相关成果中，可以将保成本控制思想引入随机拓扑、不同时间延迟、事件触发等因素影响下的多智能体系统一致性控制问题，如文献[198]讨论了事件触发控制的高阶多智能体系统保成本一致性控制问题。还可以深入分析非线性多智能体系统和异构多智能体系统的保成本一致性控制问题，使保成本一致性控制的理论研究更贴近工程实际，如文献[199]和[200]讨论了 Lipschitz 非线性多智能体系统的保成本一致性控制问题。

(3)本书的第 5 章简要介绍了多智能体系统的保成本编队控制问题，其中所有智能体实现的编队阵形是时不变的，近几年有少数学者开始讨论具有时变阵形的编队控制。后续研究保成本编队控制时，可以将保成本控制思想引入具有时变阵形的多智能体系统编队控制问题，促进保成本控制在多智能体系统协同控制中的应用。

(4)除多智能体系统编队控制问题外，协同控制问题还包括同步控制、集群控制、空间会合、分布式估计等方面，从而可以从理论角度来讨论相应的保成本协同控制问题，并通过实验来验证保成本协同控制理论的有效性和实用性。

著者

2018年8月